Où va la civilisation?

Sciences et Société
fondée par Alain Fuchs et Dominique Desjeux
et dirigée par Bruno Péquignot

Déjà parus

Anne CHATEAU et Odile PIQUEREZ, *Le syndrome d'Angelman. Parcours de vie des adultes*, 2015.
Anne CHATEAU, *Le syndrome d'Angelman. Regard sur une maladie neurogénétique rare*, 2013.
Laurence BRIOIS VILMONT, *L'imagerie médicale. La fabrique d'un nouveau malade imaginaire*, 2013.
Olivier NKULU KABAMBA, *L'assistance médicalisée pour mourir. Les soignants face à l'humanisation de la mort*, 2013.
Jean-Pierre BENEZECH, *Une éthique pour le malade. Pour dépasser les concepts d'autonomie et de vulnérabilité*, 2013.
Suzy COLLIN-ZAHN et Christiane VILAIN, *Quelle est notre place dans l'univers ? Dialogues sur la cosmologie moderne*, 2012.
Blanchard MAKANGA, *Nature, technosciences et rationalité. Le triptyque du bon sens*, 2012.
Béatrice GRANDORDY, *Charles Darwin et « l'évolution » dans les arts plastiques de 1859-1914,* 2012.
Ali RECHAM, *De la dialyse à la greffe. De l'hybridité immunologique à l'hybridité sociale*, 2012.
Simon BYL, *La médecine à l'époque hellénistique et romaine. Gallien. La survie d'Hippocrate et des autres médecins de l'Antiquité*, 2011.
Simon BYL, *De la médecine magique et religieuse à la médecine rationnelle. Hippocrate*, 2011.
Raymond MICOULAUT, *Le Temps, L'Espace, La Lumière*, 2011.
S. CRAIPEAU, G. DUBEY, P. MUSSO, B. PAULRÉ, *La connaissance dans les sociétés techniciennes*, 2009.
François LAROSE et Alain JAILLET, *Le numérique dans l'enseignement et la formation. Analyses, traces et usages*, 2009.

Jacques JAFFELIN

Où va la civilisation?

Éthique pour un monde humain réconcilié avec ce dont il est issu

L'Harmattan

Du même auteur

Le Promeneur d'Einstein, Méridien-Le Cerf, Montréal-Paris, 1991.

Pour une théorie de l'information générale, Tractatus logico-ecologicus, ESF, Paris, 1993. En cours de réédition.

Critique de la Raison Scientifique, L'Harmattan, 1995.

5-7, rue de l'École-Polytechnique ; 75005 Paris
http://www.harmattan.fr
diffusion.harmattan@wanadoo.fr
harmattan1@wanadoo.fr
ISBN : 978-2-343-06682-0
EAN : 9782343066820

À mes amis…

"... Il y avait une fois un jeune garçon qui vivait dans un grand jardin et qui n'aimait ni les oiseaux ni les chauves-souris. Il jetait des pierres aux uns et cherchait à attraper les autres. Mais il parvenait très rarement à atteindre sa cible. Il chercha longtemps comment il pourrait tous les chasser de son jardin. Il inventa l'arc, puis l'arquebuse, puis le fusil, puis le fusil mitrailleur... Pendant tout ce temps, la seule chose qui lui importait était de connaître les lois du déplacement des projectiles afin d'abattre tous les oiseaux et les chauves-souris à coup sûr. Finalement, au moment où il inventa un ingénieux système d'autoguidage cybernétique d'un missile miniature il réalisa qu'il n'y avait plus ni oiseaux ni chauve-souris autour de lui, ni forêt, ni rivière. Car pour mettre au point ses procédés de plus en plus ingénieux pour, pensait-il, comprendre ce qu'il avait appelé une loi du mouvement, afin d'obtenir ce que d'autres avant lui avaient appelé la CONNAISSANCE-DU-MONDE, il avait oublié ses propres mouvements et toutes les transformations qu'il avait engendrées pour construire ses instruments. Il n'avait pas vu qu'aucun de ses projectiles n'étaient des objets qui se déplaçaient seuls selon des "lois naturelles" comme il disait, mais étaient tous les résultats de son propre travail. Et plus il avait creusé le sol pour en extraire des minéraux, plus il avait construit de laboratoires pour fabriquer des machines, plus il avait expérimenté pour découvrir des lois immuables, plus il se modifiait lui-même en même temps que son jardin jusqu'à ce qu'il réalise, mais trop tard, que son rêve n'était qu'un cauchemar."

Tables des matières

Avertissement.. 11

Avant Propos... 15

I. La Séparation – *De l'invention du pouvoir spectaculaire à l'invention de sa fin avec l'Internet – De la formation des hommes qui ont la parole (politiques, idéologues, intellectuels, hommes de spectacle, journalistes, etc.) – Du retour de la tendresse*.................................... 19

II. Le cas français – *Pourquoi ce pays est-il aussi réfractaire à tous changements de mœurs et, en un mot, à l'accroissement des droits – Du processus de dé-mécanisation de la pensée et du monde – Du racisme et de l'identité ou le cancer de la pensée séparée – De la déhiérarchisation du monde ou le retour à la vie – Du nécessaire retour de l'immanence vécue – L'immanence radicale pour poursuivre notre décentrement: de trois vexations et d'une autre encore – L'obsession compulsive de l'explication*................................ 27

III. Réflexions sur la croyance en générale, sur la laïcité à la française et sur la liberté d'expression à l'usage des collégiens pour aider les professeurs – *Le sacré aujourd'hui – Les croyants ne sont pas que religieux – Ce qu'il faut apprendre vraiment pour vivre ensemble – La laïcité à la française est-elle la seule voie possible pour vivre ensemble pacifiquement – Comment la laïcité et la liberté d'expression… – Des assemblées dans toutes les écoles, pour tout écouter, tout dire et pour apprendre la tolérance*…. 47

IV. Une éthique pour notre temps: l'immanence radicale – *De l'immanence métaphysique à l'immanence vécue et épistémique* 69

V. Pratique de la logique immanente – *Sommes-nous seuls dans la nature – Le sous-sol de la Lune – A propos d'histoire – Vivre immanencément... – L'immanence comme épistémothérapie – Morbide transcendance – L'art de vivre l'immanence – La folie numérique – Le temps et la durée – La vision scientifique actuelle (majoritaire) du monde – Comment juge-t-on un être humain? – Codicille au testament communiste* 79

VI. L'invention du savoir ou essai sur un mythe âgé déjà de 25 siècles – *Avertissements (1995-2013) – Préambule – Résumé – Avant-propos d'un moderne ou considérations sur la culture intérieure des hommes d'extérieur barbare – Le champ anthropo-social – Les formes du champ anthropo-social – Les sociétés sans écriture – La Grèce présocratique: la douloureuse naissance de la séparation – La Grèce postsocratique: la séparation achevée – Les modalités de la séparation occidentale – Épilogue* 103

Avertissement

Ce livre est la poursuite d'études éthico-paradigmatiques commencées il y a plus de trente ans. J'ai donc dû parfois, ici, au risque de choquer et d'engendrer des malentendus, énoncer sans autre forme de procès des idées que je ne pouvais développer sans engendrer une lourdeur de lecture insupportable. C'est pourquoi, le lecteur intéressé par leur développement sera invité, le cas échéant, dans une note, à se reporter à l'un et/ou à l'autre de mes ouvrages précédents (*Le Promeneur d'Einstein* (1991), *Tractatus Logico-Ecologicus* (1993) et *Critique de la Raison Scientifique* (1995) ou encore en ligne à: sociosomatique.com) où ce qui est proposé ou énoncé ici sans plus de détails y est amplement précisé. Le premier et le troisième ouvrage sont encore disponibles tandis que le second, épuisé, est en cours de réédition. J'emploierai les initiales (Jaffelin, 1991), (Jaffelin, 1993) et/ou (Jaffelin, 1995) pour identifier le renvoi dans le cours du texte.

Ce qui a provoqué l'écriture de la première partie de ce livre, ce sont, en premier lieu, les événements récents qui se sont déroulés en France, puisque je vis actuellement dans ce pays. Je parle donc aussi de la manière dont je vis la France. Mais la France ici est aussi une métaphore. En deuxième lieu, ce fut le fait que nous commençons depuis peu à reconnaître que l'activité de notre espèce provoque des changements environnementaux. J'avais proposé de penser, dans mes ouvrages précédents, à propos de la conception néo-darwinienne du rapport espèce-environnement, qu'il n'y a pas d'un côté les espèces animales et végétales et de l'autre un environnement auquel ils doivent s'adapter, mais que l'évolution c'est précisément le changement de l'environnement que constitue l'apparition de chaque nouvelle espèce et de son développement.

Chaque espèce est l'expression d'un certain changement de l'environnement, puisqu'elle exprime une transformation de ce dernier. L'erreur de Darwin, (je dis ça avec tout l'égard qu'on lui doit pour le courage qu'il a eu d'avoir osé affronter ce qu'il avait à affronter), a été, dans sa version moderne, de considérer que chaque espèce constitue une adaptation à un environnement qui se caractériserait par des niches écologiques à remplir. Mais à y regarder de près, nous voyons bien que, pas davantage que les autres espèces, nous ne nous adaptons à rien, nous autres êtres humains; nous procréons, nous inventons, nous vivons, comme toutes les autres espèces et nous nous transformons et nous changeons le monde. Nous sommes donc des expressions des changements de la nature terrestre. Mais notre puissance technologique aujourd'hui nous contraint de prendre en compte ce que nous avons négligé jusqu'à présent, tellement nous pensions la nature stable, rythmée, éternelle à elle-même et prête à se plier à tous nos caprices et nos désirs de toute-puissance. Comme si, comme nos mythes nous le disaient, la Nature avait été faite pour notre bon plaisir. Nous avons négligé les effets de notre insatiable voracité jusqu'au point où nous ressentons maintenant le besoin de préserver ce qui reste de ce que nous n'avons pas encore détruit. Mais n'est-il pas déjà trop tard? Comment en sommes-nous arrivés là? Comment tout cela a-t-il commencé? Voilà les questions que je me pose depuis plus de trente ans! Et nous ne pouvons pas y répondre en utilisant les modes de pensée qui nous ont conduits jusqu'ici. Car les solutions que nous envisageons ainsi pour résoudre nos problèmes sont devenues maintenant elles-mêmes le problème. Si nous voulons changer de perspective nous devons envisager d'autres solutions reposant sur d'autres manières de penser et de nous penser.

Donc, de ce point de vue, que j'appellerais l'immanence radicale, à la suite de l'immanence de Spinoza, il n'y a pas d'un côté des espèces et de l'autre de l'environnement. Nous sommes nous-mêmes de l'environnement. Nous sommes de la nature. Tout ce qui est, est nature. Mais accepter cela nous amène à repenser des choses que nous tenons pour acquises depuis bien longtemps. Et il n'est pas si facile de renoncer à ce à quoi nous tenons le plus. Le problème n'est pas de savoir ce que nous pouvons préserver. Le problème est plutôt: comment allons-nous faire pour persévérer dans notre existence sans courir le risque de nous détruire nous-mêmes par notre propre entêtement?

Le texte de la seconde partie, *L'invention du savoir*, fut écrit avant les ouvrages cités plus haut. Il constitue, en quelque sorte, le départ de mes études éthico-paradigmatique sur la mécanisation de la pensée humaine à l'aide des seuls objets de pensée immuables que nous avons inventés il y a environ 25 siècles: il s'agit des concepts clos de la philosophie, puis de la science moderne et des nombres de la théorie des nombres ou mathématique, qu'il faut distinguer de la logique. Notre civilisation commence ainsi, par la quête de ce qui est immuable, éternel et transcendant car ce qu'elle nomme le VRAI ne peut être que la perfection de l'identité éternelle. Dans cette quête, la mathématique sera son premier serviteur puisqu'elle s'est donné comme outil fondamental de pensée, les nombres: eux-mêmes, par définition, éternels et immuables. Elle sera secondée par les autres concepts de la philosophie, née à ce moment-là, qui seront toujours des entités aussi immuables que les nombres. En ce qui concerne la suite de notre histoire, c'est-à-dire la mise au point du paradigme mécanique galiléen-cartésien-newtonien et de la conception mécanique du monde, puis de la science actuelle et enfin, de la mécanisation de l'homme lui-même et de sa société, je renvoie le lecteur intéressé aux ouvrages situés plus haut.

Cette étude ne se borne pas cependant à cela, elle veut aussi proposer, pour nous extraire de notre mécanisation mortifère car transcendantale, d'apprendre à penser en termes de processus; ainsi, chaque instant, chaque concept sera alors considéré de manière assumée, comme le processus que nous nommons la vie, comme un moment dans un processus créatif, évolutionnaire, infini, irréversible, ni mesurable, ni quantifiable.

Avant Propos

Nous sommes aujourd'hui a un tournant non pas seulement de notre civilisation, mais de l'histoire humaine. Il semble maintenant clair pour beaucoup d'entre nous que nous sommes engagés dans une impasse[1] telle que si nous persistions dans cette voie nous entrerions dans un processus d'autodestruction ou de suicide collectif. Il est temps que nous envisagions une autre manière d'être humain, de vivre ensemble, de faire homme, comme disait Montaigne. Tout doit être réexaminé, réévalué, rien ne doit rester tabou. C'est l'ensemble des fondements sur lesquels nous avons construit notre monde que nous devons réinterroger. Et pas seulement, pour les Occidentaux, depuis les anciens Hébreux, les anciens Grecs, la Renaissance, les Lumières, mais tous, humains, autant que nous sommes.

Nous devons apprendre à trouver une totale liberté de penser; sans préjugés, mais en nous appuyant sur ce que nous avons inventé et acquis progressivement de plus précieux: le respect universel des droits humains. En n'oubliant jamais le mot de Térence: "Rien d'humain ne m'est étranger", nous devons pouvoir être capables de dépasser les notions de nation, de culture, de religion, de mœurs, de coutumes, non pour les nier mais pour qu'elles soient avant tout le bagage que chacun

---

[1] Impasse socio-économique: dans la production et la distribution; Impasse scientifique: dans les dogmes du savoir au lieu du savoir-faire pour poursuivre notre existence; Impasse culturelle: dans les dogmes religieux qui verrouillent les arts, les lettres et la liberté de création; Impasse politique: dans la poursuite du processus de démocratisation mondiale et la construction d'un droit démocratique interétatique.

apporte dans la fondation du vivre ensemble humain qu'il nous faut maintenant envisager et construire, si nous en sommes capables.

Ce n'est pas simple. En effet, nous avons affaire à des institutions aujourd'hui mondialisées aux intérêts économiques énormes et brassant d'énormes quantités d'argent. Ces quantités d'argent dont aucun aujourd'hui ne peut se faire une idée de la valeur qu'elles représentent. Or, nous le savons pourtant, l'argent n'est rien d'autre que du travail humain cristallisé, transformé en équivalent universel de sa valeur. Lorsque l'argent ne vaut plus rien c'est que le travail de l'homme donc, l'homme lui-même, ne vaut plus rien non plus. Pire, ce sont d'autres hommes qui considèrent leurs semblables comme un immense jeu vidéo. Et ils ne réalisent même pas dans leur folie qu'ils en font aussi eux-mêmes partie. Mais il ne s'agit pas seulement du monde de la finance; la science également ainsi que les grands États sont en jeu. Aucune de ses gigantesques institutions n'a intérêt à se remettre en question.

Cela peut paraître paradoxal, surtout lorsque l'on parle des institutions scientifiques. Mais la science elle-même, en tant qu'institution mondiale, ressemble davantage a une sorte de "république prêtre" (pour reprendre un mot de Marx qualifiant toute bureaucratie) qu'à une assemblée de chercheurs libres et consciencieux de l'importance humaine de leurs travaux et de leurs conséquences. Je parle ici de la science en tant qu'institution et non des milliers de chercheurs qui en sont les victimes. Mais tout cela est normal. Il ne faut pas s'attendre à autre chose et il ne s'agit pas d'amender l'humanité.

Certains ont essayé d'expliquer le monde, d'autres de le changer. Je pense quant à moi que notre raison ne peut expliquer que ses propres inventions. Chaque fois que nous pensons expliquer nous nous impliquons dans le monde des humains et cela constitue un changement du monde mais un changement qui n'est pas assumé comme tel. Ainsi, comme nous ne pouvons pas ne pas changer le monde, apprenons à nous y impliquer. Nous avons récemment inventé à cet effet une agora mondiale, l'Internet, qui ne cesse de se développer. Créons la démocratie mondiale qui la permet. Peut-être qu'un mouvement humain fondé sur une pensée libérée des dogmes, implicative, universelle et consciente des problèmes qui se posent pourra alors intervenir dans un changement de perspective. Personne ne peut dire s'il n'est pas déjà trop tard. Mais personne ne peut dire non plus que c'est déjà perdu.

Toutes ces grandes institutions ne reposent que sur des croyances qui ne sont pas elles-mêmes expérimentables et qui nous ont conduites progressivement, insensiblement, à la construction de ce monde humain insupportable pour l'écrasante majorité de notre espèce. Ce qui doit nous conduire à nous réinterroger sur ce qui le fonde aujourd'hui. Ce qui fonde nos conduites, nos projets, nos valeurs. Les fondements de notre monde ne sont pas si anciens et il n'est pas si difficile de les identifier. Je voudrais montrer ici que ces fondements ne sont pas seulement des dogmes, des superstitions ou des impasses logiques mais qu'ils sont aussi et surtout sociopathologiques voire fatals. Seulement, aujourd'hui, l'activité scientifique, pour ne parler que d'elle, est devenue une telle puissance politique, morale et financière qu'elle est aussi inattaquable que l'était l'Église du temps de l'inquisition.

La comparaison peut paraître choquante voire douteuse, pourtant la science, contrairement à ce qu'on pense généralement, repose, depuis la Renaissance, sur des dogmes aussi transcendantaux que les dogmes religieux. Et cela subrepticement mais fermement en faisant reposer toute la raison sur des principes dogmatiques et aussi inexpérimentables que l'existence des dieux ou des fantômes comme le Principe d'Inertie et le Big Bang et sur des entités platoniciennes éternelles: les Particules Élémentaires, l'Univers comme une quantité déterminée de matière, la Vie comme des séquences fixes de nucléotides et *last but not least*, la Conscience Humaine comme l'apparition (sic) de la raison explicative du monde[2].

Je voudrais donc simplement ici appeler à ne pas renoncer à ce que Spinoza appelait l'effort pour poursuivre notre existence. Il se pourra, qu'au cours de cet effort, nous soyons amenés à renoncer à des choses auxquelles nous tenons beaucoup. Mais c'est ainsi que nous avons tous grandi. Compte tenu de la situation dans laquelle le monde humain se trouve, nous ne pouvons plus continuer à moraliser, à l'interpréter comme l'ont fait les philosophes depuis l'antiquité (sauf Montaigne et Spinoza); ou encore, comme nos philosophes de télévision, à nous inviter à suivre notre "moi profond" pour y découvrir le bonheur dans ce monde en perdition. Soit nous apprenons à nous y impliquer et parvenons à poursuivre les processus de démocratisation et de déhiérarchisation, soit nous périrons étouffés par notre propre voracité.

[2] Sur toutes ces questions épistémologiques, je renvoie le lecteur à mes trois ouvrages précédents indiqués plus haut.

I- La séparation

De l'invention du pouvoir spectaculaire à l'invention de sa fin avec l'Internet

La globalisation. On entend par là, depuis McLuhan[3], le fait que les mêmes techniques humaines de communication sont devenues utilisées par presque tous. Aujourd'hui les techniques numériques créent une agora mondiale qui peut permettre à chacun de participer à la construction du monde humain; les fameux réseaux sociaux, entre autres. Surtout, elles suppriment la hiérarchie académique puisque chacun peut être instantanément publié, dans le sens propre de rendre public[4].

---

[3] Marshall McLuhan, dans son fameux livre *Understanding Media*, fut le premier a proposer une interprétation anthropo-sociologique de nos media. Son idée majeure est que nos media (il entendait par là l'ensemble de nos techniques partagées) sont non seulement des prolongements de nous-mêmes, mais que leur principale caractéristique, leur message, est la transformation de l'homme engendré par leur usage généralisé (le message c'est l'usage du medium lui-même). Mais personne ne le suivit et on cita souvent ("medium is message") avec un total contresens; et l'on continue à penser qu'il y a des messages à transmettre. Voir à ce sujet (Jaffelin, 1993: *Les êtres humains communiquent-ils?*)

[4] L'usage du terme "agora" doit cependant être corrigé ici. En effet, l'agora athénienne, permettait à tout orateur d'être entendu par chaque personne présente. Mais l'Internet est un medium à usage à la fois individuel et global, c'est-à-dire qu'il repose sur le seul désir des personnes qui s'y impliquent. C'est une "agora" où chacun écoute ce qu'il veut et dit ce qu'il veut. Mais où rien ne peut se décider collectivement au-delà d'une certaine échelle. En tout cas, pas encore! Mais peut-être pas pour longtemps.

Cette technique a donc rendu accessible au public tout ce que les êtres humains peuvent inventer lorsqu'ils utilisent leur pensée, leur vue, leur ouïe pour s'exprimer. Nous sommes donc dans une attitude spectaculaire d'un genre nouveau puisque chacun peut être à la fois acteur et spectateur. Mais seulement cela. L'ancienne relation spectaculaire ne fonctionnait que dans le sens acteur → spectateur; cette invention grecque, que l'on retrouve aussi bien dans le théâtre que dans l'agora est une complexification de l'invention de la chefferie. Cette dernière arriva assez tard dans notre évolution. Elle s'est ensuite dévoyée en domination → soumission[5]. Il est alors aisé de constater qu'avec la télévision nous sommes encore dans le monde de la relation spectaculaire domination → soumission; on se soumet à la parole de celui qui parle ou on ferme le poste. Mais la nouvelle relation engendrée par la globalisation de l'Internet est un tel bouleversement dans la socialisation humaine qu'il n'est pas étonnant que beaucoup essaient de construire des digues contre les flots du changement, imprévus comme toujours. Cette fois, la rapidité et la puissance des marées ne donnent pas le temps à certains de réévaluer ce qu'ils considéraient comme une partie d'eux-mêmes, et qui imaginent que c'est le monde entier qui est submergé.

---

[5] J'inviterais ici le lecteur à lire "*Le discours de la Servitude Volontaire*" d'Etienne de la Boëtie".

De la formation des hommes qui ont la parole (politiques, idéologues, intellectuels, hommes de spectacle, journalistes, etc.)

La soumission à la parole est propre à toutes les cultures qui forment des êtres incomplets ou plutôt mutilés et séparés de leur propre existence[6]. Ces êtres croient à l'esprit et en font profession. Ils croient aux forces de l'esprit[7]. Et ils pensent. Mais ils croient que ce qu'ils pensent n'est pas ce qu'ils pensent. Ils croient que ce qu'ils pensent c'est le mouvement même du monde. Ce qui leur fait penser ainsi c'est la formation qu'ils ont reçu dans leurs écoles. Mais aussi, pour certains d'entre eux, au dieu auquel ils se soumettent depuis l'enfance. Au dieu qui est un pur esprit et dont on leur a dit qu'ils en avaient un aussi, un esprit, pour leur permettre de partager sa puissance avec lui s'ils lui rendaient hommage et adoration. Et dans les écoles où l'on cultive l'esprit, on leur a montré qu'avec un peu de persévérance, ils pourraient avoir la même puissance sur leurs contemporains avec leur esprit que le dieu[8] qu'ils adorent a sur le leur. Dès lors qu'ils obtiennent leurs lettres de créance ils n'ont de cesse de ne penser qu'à ça.

---

[6] Je ne connais que les Inuit qui ont trouvé la parade à cette servitude volontaire engendrée par la stupéfaction de la parole spectaculaire. Dès qu'un homme, dans un groupe où règne la convivialité, parle plus que nécessaire, tout le monde s'en va. Radical! Rappelons que dans les langues amérindiennes, chef se dit: "celui qui a la parole" (momentanément!)

[7] "*Je crois aux forces de l'esprit*" disait le Président François Mitterrand.

[8] Le dieu ici n'est pas seulement l'"esprit" transcendantal d'Abraham mais ceux nommés aussi: *Raison, Conscience, Savoir, Connaissance, Espoir, etc.*

Exercer le pouvoir de leur esprit sur les autres, maintenant qu'ils sont soumis à leur maître; car il est normal qu'un maître ait un maître.

Bien sûr, va-t-on me dire: mais on n'en est plus là! Nous ne sommes plus au temps de la scolastique. En effet! Mais c'est justement cette époque qu'ils regrettent. Tellement, qu'il ne se passe pas un jour où on ne les entend pas vitupérer contre l'Internet. Ce lieu maudit où il n'y a plus de hiérarchie, où tout se vaut et où se côtoient, Ô horreur! La parole de tout le monde avec la leur. Ils regrettent le temps où les professeurs professaient dans une salle silencieuse, *ex cathedra* comme on disait en 68, où les enfants obéissaient, où les maîtres étaient respectés, où les femmes ne divorçaient pas, n'avortaient pas, ne travaillaient pas et s'occupaient des affaires de femmes et toutes les punitions qui allaient avec lorsque cela ne se passaient pas ainsi. Bref! Un monde de maîtres et d'élèves soumis et où les maîtres étaient les plus savants, les plus forts, les plus soumis et les plus croyants à l'immuabilité de ce monde.

Ces êtres là ne vivaient que dans la peur, l'angoisse et la culpabilité, s'arc-boutant pour maintenir ce monde en place pour ne pas qu'il change. C'est encore ce qu'ils font aujourd'hui.

Cette peur fondamentale les empêchait de s'interroger eux-mêmes sur ce qu'ils faisaient de leur propre vie. Ils ignoraient leurs pulsions, leurs corps, leurs désirs. Tout chez eux respirait la frustration. Ils vivaient dans une séparation totale de leur être vivant, de leur désir, de leur chair, de leur plaisir et de leur souffrance et de leur pensée qu'ils appellent esprit[9]. Comme si ce n'était pas le corps qui pense. Comme si l'esprit n'était pas une vieille chimère qui nous vient des philosophes antiques qui l'ont inventé en même temps que le nombre et les mathématiques: les seuls lieux, et pas seulement pour Platon, de toute certitude, d'éternité, d'identité et donc de vérité. Ce sont d'ailleurs ces mêmes nombres qui vont nous conduire à la mécanisation de la pensée puis, dès lors que les hommes de l'esprit commencent à prendre les choses en main, à la mécanisation du monde, des hommes[10], des choses et, finalement, de l'ensemble du vivant.

Comment pourraient-ils concevoir la liberté, leur liberté, comme autre chose que la reproduction de leur frustration sur leurs enfants et ceux des autres. La liberté pour eux c'est le

---

[9] Voici déjà comment Nietzsche exprimait cette culture de la séparation de l'esprit (du savoir) et du corps vivant: "*L'homme moderne traîne derrière lui la masse énorme et indigeste des pierres à bâtir du savoir, borborygmes de pierres qui grondent, trahissant l'étrange contraste entre son être intime auquel rien ne correspond, et son être extérieur auquel rien d'intérieur ne correspond,* (c'est moi, J.J., qui souligne) *contradiction que n'ont pas connue les peuples anciens. Le savoir massivement accepté, sans faim, à contrecœur même, cesse d'agir comme un facteur de transformation extérieur, de formation, et reste caché dans ce monde intérieur chaotique. On dit alors qu'on possède le contenu mais qu'on manque de forme et c'est là une contradiction tout à fait insolite chez les êtres vivants. Si notre culture moderne manque de vie, c'est qu'elle ne se conçoit pas sans cette contradiction, c'est-à-dire qu'elle n'est pas une vraie culture mais en quelque sorte la connaissance de ce qu'est une culture.*"

[10] Que l'on n'aille pas imaginer que la séparation, vécue, de la pensée et du corps soit une simple vue de mon "esprit". Je constate cela régulièrement dans ma pratique clinique et les personnes qui en souffrent s'en rendent clairement compte au cours des entretiens thérapeutiques.

droit de faire ce qu'ils veulent de leur progéniture et pour cela ils ne peuvent pas supporter que leurs enfants puissent voir d'autres enfants traités avec l'amour qui leur permet de s'aimer suffisamment pour faire leur place dans le monde des humains sans la haine entretenue par la culpabilité de la désobéissance.

Du retour de la tendresse

Qui veut savoir ce qu'est un être humain libre doit juste prendre le temps de regarder la spontanéité d'un enfant et la joie de vivre qu'elle lui procure. L'éducation doit se faire sur cette base, sur la jouissance de l'instant. L'enfant est toujours notre avenir. Dans notre société, il n'y a pas encore si longtemps, après 3 ans, l'enfant avait déjà perdu sa spontanéité et sa joie de vivre immédiate, il était déjà inquiet et perclus de culpabilité.

Quelque chose de fondamental a commencé à changer depuis environ quarante ans, des parents parlent aux enfants aux lieux de les punir, ils expliquent, ils commentent, ils élèvent et encouragent au lieu d'abaisser et de briser l'autonomisation progressive[11]. Un peu plus grands ils auront du mal à se

[11] Mais dans les écoles, c'est encore, bien trop souvent, la soumission, l'humiliation que l'on cultive. Il y a encore des maîtres mais il n'y a plus d'élèves, mais des étudiants. Il n'y a plus ou presque plus d'élèves soumis, sauf ceux qui préparent les "prépas" sous les injonctions répétées de leurs parents. L'école ne doit plus être un lieu où l'on ingurgite, mais un lieu où l'on apprend à vivre, à devenir des êtres humains libres et où le bonheur d'être soi doit être cultivé. Pourquoi ne commencerions-nous pas l'éducation par raconter aux enfants d'où vient ce qu'ils apprennent? Comment nous avons inventé les nombres, les mathématiques, l'écriture,

soumettre au chef qui leur parlera comme à un esclave, ils ne seront pas obéissants, ils seront libres. Il y a encore du chemin, beaucoup de chemin, à faire. Mais au moins cela est enfin arrivé et ça ne s'était plus vu depuis que nous avions construit des murs autour des villes. Depuis que des hommes d'armes commandés par un roi et aidés par des prêtres avaient inventé la servitude volontaire comme disait La Boëtie, l'ami de Montaigne, lui qui considérait d'ailleurs la philosophie avec ironie comme de la "poésie sophistiquée". Pourtant, il y en a encore qui défendent les châtiments corporels.

---

l'imprimerie et l'Internet et les dieux. Comment vivaient nos ancêtres à tous, les chasseurs-cueilleurs. Eux qui n'avaient besoin pour vivre heureux, ni de savoir lire, écrire ou compter, et qui savaient trouver leur nourriture, qui savaient rire, dessiner, peindre, danser, se réjouir, éduquer leurs enfants sans les battre ni les humilier et sans chantage affectif, mais en leur faisant découvrir leur propre créativité, leur propre plaisir de vivre. Ne serait-il pas plus utile et agréable de commencer leur éducation en leur montrant ce que c'est que d'être libre, joyeux et inventif plutôt que par la soumission, le gavage, l'ânonnement de leçons apprises par cœur mais sans cœur et la compétition de tous contre tous; de les conduire dans la forêt pour leur montrer comment nos ancêtres ont inventé la manière de faire du feu afin que corps et pensée ressentent vraiment la vie créatrice d'un être humain complet et amoureux de ce qui l'entoure. Mais les spécialistes de la pédagogie – un mot qui ne vaut guère mieux que démagogie –, cherchent à résoudre le problème de l'éducation à l'aide des idées qui l'on engendré: transmettre, apprendre le savoir et le répéter. Mais il n'y a pas de savoir, seulement des savoir-faire pour vivre bien. Ils ont adopté depuis longtemps le point de vue de John Locke qui disait que "l'enfant est un seau à remplir" au lieu de prendre celui de Rabelais pour lequel: c'est "un feu à allumer", ou mieux encore, un feu à nourrir, car le feu est là, à la naissance.

II- Le cas français

Pourquoi ce pays est-il aussi réfractaire à tous changements de mœurs et, en un mot, à l'accroissement des droits

Pourquoi la France qui a gravé *Liberté, Égalité, Fraternité* sur les frontons de ses mairies est-elle le seul pays aujourd'hui où des dizaines de milliers de manifestants descendent dans la rue pour réclamer sans honte de ne pas accorder des droits nouveaux, c'est-à-dire de nouvelles libertés, à d'autres citoyens? Alors que ces mêmes droits existent depuis une bonne dizaine d'années dans certains des pays qui l'entourent.

Voici mon point vue à la fois extérieur et intérieur. La France, le pays de Descartes[12], est le pays du monde où la séparation

[12] La métaphysique, c'est l'art de ne pas finir ses phrases. Descartes écrit: "je pense, donc je suis" mais la phrase entière devrait être: "je pense, donc je suis… en train de penser" ou mieux: "je pense, donc je suis… en train de dire, je pense, donc…". On fait d'un verbe auxiliaire un substantif, en l'occurrence ici le maître-mot de la philosophie: l'Être. Pour Descartes, le sens de cette phrase est donc: je pense, donc je suis bien une partie de l'Être – ou, autrement dit, de la *res cogitans*, c'est-à-dire de Dieu soi-même. Cette supercherie ou cette ruse ne fait pas pour autant disparaître l'autoréférence. Ce jeu grammatical est le propre de la pensée séparée et mécanisée, qui n'use que de concepts éternels et clos au lieu d'une pensée vivante, organique, qui n'use que de concepts processus. Dans ce simple jeu, se trouve résumé un des fondements de notre civilisation morbide de l'inerte; ce qui ne pense pas n'existe pas ou n'est qu'une chose inerte. C'est ainsi que nous avons conçu les animaux, les nourrissons, etc. pendant plus de trois siècles. Prenons un exemple de pensée vivante. Parler aujourd'hui

de l'"esprit" et du corps est une institution nationale. Cette mutilation du corps humain ne date pas d'aujourd'hui mais, comme j'ai déjà développé ce point ailleurs, je voudrais le rappeler brièvement ici en évitant si faire se peut les malentendus. Descartes imagina que le monde était constitué de deux substances, la *res cogitans* (La "*chose pensante*", c'est-à-dire l'esprit, ou la pensée aujourd'hui) et la *res extensa* (la "*chose étendue*", c'est-à-dire tout le reste). Pour lui, la "*chose pensante*" est un attribut divin et l'homme est le seul être à en partager une partie avec la divinité. Les animaux, les plantes et tout le reste de la nature ne sont que des manifestations de la "*chose étendue*" et ne peuvent être envisagés que sous l'angle mécanique, c'est-à-dire une combinatoire de briques élémentaires qui ne présentent qu'un *clinamen* mécanique. En complément, bien sûr, la pensée humaine, cette entité désormais séparée de la nature et associée à l'attribut divin, était destinée à comprendre, expliquer le pourquoi et le comment de la "*chose étendue*", bref de la nature. Ainsi pour l'homme de l'esprit séparé, lorsqu'il pense ce n'est pas son corps qui pense, mais c'est sa partie divine qui s'exprime directement.

Le dualisme cartésien est à l'origine de l'invention du principe d'inertie qui sépare la forme du mouvement dans les sciences de la nature; mais aussi le corps de l'esprit en médecine et

---

de *démocratie*, comme d'une institution établie, relève de l'imposture ou de l'escroquerie; on ne voit nulle part quelque chose qui ressemble au "pouvoir du peuple". Il nous serait plus utile de parler de *processus de démocratisation* en cours, pour tous les pays qui s'en réclament; ce qui nous éviterait bien des illusions et surtout nous permettrait de mesurer à chaque moment, le degré d'avancement ou de recul du processus.

dans les sciences humaines et introduit dans l'université une césure et une limite (borderline) entre les scientifiques (qui s'occupent des formes sans esprit) et les littéraires (qui s'occupent de l'esprit sans forme). Bateson disait qu'il y a ceux qui s'occupent des billes qui s'entrechoquent et ceux qui s'occupent des vivants). Cette séparation n'a jamais été vraiment pensée et perdure aujourd'hui plus que jamais où l'on continue (surtout dans ce pays) à sélectionner les enfants sur la base de la mécanisation de la raison (les mathématiques considérés encore comme le haut lieu du raisonnement – et où il vaut mieux ne pas parler d'intelligence). Elle est aussi une séparation entre les mathématiques et la logique. Les mathématiques reposant sur la théorie des nombres et donc sur le raisonnement numérique, et la logique sur le raisonnement analogique. Il existe une expression française qui résume à elle seule ce problème: "comparaison n'est pas raison". Raison ici ne veut dire que vérité absolue, mathématique, numérique, cartésienne et platonicienne. Or, la comparaison ou l'analogie est justement l'outil fondamental de la raison raisonnante et expérimentale. Sans comparaison ou analogie pas de pensée évolutionnaire, pas d'histoire, pas de processus, ni même d'expérimentation, seulement des entités closes et éternelles; pas de possibilités de reconnaître l'autre, le différent, la parenté lointaine, l'ancêtre dont nous sommes issus qui est inclus en nous. C'est ainsi qu'il nous a fallu nous extraire de plus de 300 ans de cartésianisme pour reconnaître – officiellement – la sensibilité et les émotions aux animaux ainsi que la faculté de penser selon leur espèce (ce dernier point est même encore débattu). Lamarck et Darwin ont enfoncé la première brèche – sans même parler de Newton – dans la raison mécanisée mais cette dernière a fini par reprendre la main avec la génétique montrant que l'évolution résulte d'erreurs de codage et que si tout se passait bien la nature vivante ne ferait que du même. Nous sommes donc tous, selon les généticiens néo-darwiniens, des erreurs de codage, sauf eux évidemment. Et nous acceptons cette idiotie répétée à foison dans les cours et les manuels de biologie moléculaire. Mettant ainsi la génétique au degré zéro de la biologie.

Descartes fonde ainsi, philosophiquement, si je puis dire, la séparation du corps et de l'esprit[13]. Cette automutilation philosophique l'empêcha de ressentir la moindre émotion en regardant son propre chien pleurer ou gémir de douleur puisqu'il n'était que réflexes mécaniques ou, comme on disait à l'époque, instinctifs. Les petits Français ont été formés depuis plus de trois siècles à cette mutilation. Je sais, c'est un peu dur à admettre, mais quand il faut le dire, il faut le dire. Bien sûr, il n'y a pas que les Français qui partagèrent ce point de vue car cela tombait à pic avec le pouvoir que les prédateurs mettaient en place sur les corps humains et sur la nature toute entière. Le philosophe F. Bacon ne disait-il pas à la même époque: "*nous devons torturer la nature pour lui faire avouer tous ses secrets*". La "*chose pensante*" est donc

[13] Pour Spinoza, sans vouloir lui faire dire davantage qu'il n'aurait voulu, à la même époque, corps et esprit sont une seule chose. L'écouter nous aurait été bien plus profitable. Rappelons qu'il y a encore peu la médecine ne soulageait pas les douleurs des nourrissons, pour elle, ils étaient encore de petits animaux.

désormais destinée à expliquer les lois mécaniques et immuables de la "chose étendue", création divine[14].

Du processus de dé-mécanisation de la pensée et du monde

Cela mis en place, la mécanique prenait son essor. Je dis mécanique, car dès lors, ce qu'on appela la science reposa sur le principe unique et inexpérimentable suivant lequel toutes les "choses étendues" sont composées de briques immuables depuis le commencement du monde. Ou plutôt depuis l'invention de ce principe.

Ce principe fut donc nommé: principe d'inertie[15]. Tous nos calculs actuels dérivent de ce principe. Remettez-le en cause et ils perdent toute signification! Autrement dit: "les choses étendues" sont inertes, sans vie et éternelles. La vie est désormais l'esprit et rien d'autre. Et l'esprit a le pouvoir sur les corps et sur le corps. Le corps n'est plus qu'un assemblage d'atomes, de macromolécules, de composants, de briques, que

---

[14] On peut ainsi se demander pourquoi "Dieu ou la Nature", comme disait Spinoza, aurait décidé de fabriquer une créature destinée à la comprendre ou à l'adorer? Faut-il penser que cette projection narcissique du pouvoir absolu et tyrannique du père est un des fondements de notre morbidité culturelle?

[15] Le principe d'inertie s'énonce aujourd'hui: invariance par translation d'espace. Ce qui revient au même et qui fonde la séparation définitive entre forme et mouvement. Ainsi toute forme quantitative (masse, énergie, vitesse) reste éternellement égale à elle-même au cours de ses déplacements. Cette physique newtonienne appliquée est encore celle de tous nos calculs et de toutes les impasses qu'elle a engendrées. J'y reviendrai plus loin (cf. aussi ma *Critique de la raison scientifique*, 1995)

sais-je, assemblées de telle ou telle façon peu importe. Autrement dit tout ce que nous avons appelé science jusqu'à récemment, reposait sur un principe de non-vie et ne s'occupait donc que du mort. Il n'est donc pas étonnant que cette civilisation fondée sur ses principes-là distribue la mort partout où elle passe.

Bien sûr, depuis quelque temps, depuis peu de temps, très peu encore, quelque chose a commencé à changer. Nous avons commencé mollement à consentir, presqu'à regret, que nos cousins les plus proches, les grands singes ressentaient des émotions et, chose incroyable, étaient doués d'intelligence et donc de pensée. Ce qui démontrait non pas notre soudaine ouverture d'esprit, si je puis dire, mais au contraire la redécouverte de notre propre corps, de nos émotions, de notre tendresse, de ce que nous appelons, l'amour. Bref! Que nous nous étions trompés depuis Descartes, Galilée et Newton. Mais l'affaire n'alla pas jusque là. Pas encore! Ensuite, progressivement, lentement, envers et contre les fondements même de nos sciences, et parce que nous commencions à nous réapproprier progressivement, nos émotions, notre plaisir, notre jouissance, nous avons commencé a observer, d'abord au Royaume Uni, les animaux de toutes sortes, précisément, non pas avec l'œil froid associé à l'esprit séparé du scientifique mais, au fur et à mesure que nous portions notre attention à la vie, avec l'œil chaud réuni au corps de l'être sensible. Et voici que nous découvrons, mais il faudrait plutôt dire redécouvrons, la vie et la sensibilité chez les animaux, tous les animaux. Pourtant les enfants vivent cette parenté immédiate avec les animaux. Mais, très vite, ils doivent faire face au doigt inquisiteur des parents et des maîtres d'école:

nous ne sommes pas des animaux...! Cette évidence vécue est aussi encore bien présente chez les peuples de chasseurs-cueilleurs qui n'ont pas encore été exterminés ou mécanisés par les prédateurs.

Mais les plantes aussi[16]. En fait, nous commencions à peine à nous réconcilier avec ce dont nous sommes issus. Tout cela, se passa au même moment que l'émancipation des femmes. Faut-il s'en étonner? Et ce sont elles qui vont ouvrir la voie à ce changement inouï de perspective encore inimaginable quelque temps auparavant. Car il est difficile pour une femme de mutiler son corps en devenant un pur concept. Mais une fois autorisées à parler, à étudier, à prendre leur place dans la société des hommes, une fois les corps libérés et autorisés à jouir, la parole et la pensée non mutilées s'exprimèrent.

Cependant, et malgré les avertissements et les rapports de nombres de personnes avisées, on continue dans les universités ou plus exactement, dans ce pays, dans les "prépas" et les "grandes écoles" hauts lieux de la reproduction des élites, à sélectionner les enfants studieux sur la seule base des compétences en mathématiques ou en philosophie, là-

[16] Je me souviens avoir reçu chez moi, au Canada, un couple d'amis qui venait de New York me visiter. A l'époque, c'était la mode des végétariens dans Time Square. Avant le repas, la copine de mon ami s'enquit de me dire qu'elle ne mangeait pas d'êtres vivants mais seulement des légumes. Alors que nous préparions le repas en pelant carottes et pommes de terre, je m'approchais d'elle en lui disant, un poil goguenard: "Es-tu certaine de ne pas entendre leur cris tandis que tu les tortures ainsi? Les légumes sont aussi des êtres vivants, tu sais". Je ne saurais pas dire ce qu'elle ressentie soudainement, mais je vis sur son visage que tout son monde venait de s'effondrer.

même où se situent le formatage de la mutilation et de la pensée mécanisée. Pour en faire plus tard, non pas même des inventeurs et des créateurs, mais des hommes en quête de pouvoir ou de gloire. Les deux disciplines (elles portent si bien ce terme militaire) reposent sur des exercices de pensée dont les outils sont des objets clos, éternels et identiques à eux-mêmes: les nombres et les concepts métaphysiques (l'homme, la femme, l'enfant, la famille, la société, le monde, la société, l'histoire, la nature, la loi, l'atome, les particules élémentaires, le monde et ainsi de suite). Bref! De purs concepts. Vides de toute vie.

Car lorsque la philosophie parle de l'homme elle ne parle pas de ce qu'il ressent, de son monde intérieur, de ses pulsions, de sa jouissance, de ses émotions, mais de ce qu'il *doit* être pour être conforme aux concepts éternels. La plupart des philosophes et bon nombre de scientifiques des sciences dites exactes et même "pures" (Eh Oui!) mais je n'oublie pas les autres, sont des êtres mutilés et séparés car ils ignorent leurs propres motivations inavouées qui sont souvent la quête du pouvoir ou/et du savoir absolu ou de l'explication finale, autrement dit de la gloire de leur "esprit". Sans le savoir, ce sont des idolâtres de leur propre pensée qu'ils présentent au monde comme un savoir *sur* le monde. Ils se vivent séparés du monde humain, ils l'observent et vivent transcendentalement. En psychiatrie on nomme cela suivant le degré de gravité, narcissisme pathologique, syndrome schizoïde, schizophrénie ou paranoïa.

Du racisme et de l'identité ou le cancer de la pensée séparée

Eh bien! Dans quel pays, la philosophie est-elle reine et dans quel pays les mathématiques sont-ils roi? Dans quel pays entendons-nous: "comparaison n'est pas raison!" pour empêcher de faire des analogies (donc des comparaisons), entre tout ce qui vit. Alors que l'analogie est le fondement même de toute logique et de toute pensée. Car la raison ou plutôt ce qu'ils nomment telle (c'est-à-dire l'activité de l'"esprit") ne peut être pour eux que le pouvoir absolu sur la "chose étendue" et doit rester pure de toute contamination. Mais la raison vécue n'est pas uniquement la pensée, c'est le corps entier qui expérimente et qui contrôle la raison lorsque la pensée s'égare dans le délire. La saine raison soumet la pensée à l'expérience quotidienne afin d'être continûment réévaluée. Mais l'homme séparé soumet le monde à sa pensée délirante dût-il y laisser sa vie et celle de ses contemporains. C'est pourquoi il sème la mort à son passage. Et c'est justement parce nous avons recommencé à nous comparer aux animaux et au vivant en général que nous nous émancipons progressivement du carcan mécanique.

Le racisme moderne et le mythe aryen et sémite ont été inventés par Vacher de Lapouge et quelques autres au XIXe siècle. En France on nomme encore, sans la moindre vergogne, *nègre* la personne qui écrit un livre pour le nom d'un autre, donc qui travaille pour quelqu'un d'autre. Pourquoi ne dirait-on pas *écrivain fantôme*? N'y a-t-il pas aussi cette vilaine manie des politiques et des journalistes français de nommer pêle-mêle, depuis le gouvernement De Gaulle, "Anglo-Saxons", les habitants du Royaume-Uni, du Canada, des États-Unis, etc.? Provoquant la risée, l'étonnement ou la perplexité des concernés pour lesquels ce vocable est réservé aux racistes du Sud des États-Unis ou aux nationalistes farouches. J'en ai même connu, de ceux qui se disent anglo-saxons, qui voulaient purifier la langue anglaise de tous les mots d'origine latine et française pour ne retenir que les mots saxons. Bonne chance! Mais ceux-là n'incluaient que les "Anglais" de "souche" saxonne. Il y a des fous partout. Heureusement, certains anglophones, pas assez nombreux à mon goût, par ironie gouailleuse, leur répondent en appelant les Français, Gallo-Franks, Franco-Burgundians ou autres expressions de la même farine comme Hunter-Gatherers. On trouve les mêmes, à l'envers, du côté francophone cette fois, qui trouvent un malin plaisir à traduire les mêmes mots en anglais et en français qui ont le même sens, juste pour le culte de la pureté identitaire.

Qu'y a-t-il de plus singulier que d'attribuer une identité à un être humain ou à une nation? Nous qui commençons notre vie, pour le dire ironiquement et avec la froideur mécanique, comme un assemblage de macromolécules et qui terminons notre vie dans le meilleur des cas comme un vieillard sénile. La vie est changement permanent. Rien n'est stable, tout est forme en mouvement et tout est mouvement de forme. Nous sommes avant tout un processus de différenciation créatrice. Mais on applaudit à tout rompre à l'invention d'un cœur mécanique qui va sans aucun doute grandir avec l'enfant, se gonfler pendant l'orgasme, s'arrêter de stupeur, accélérer devant un danger, etc.? Le corps qui pense et qui vit n'est pas et ne sera jamais le corps de la mécanique car *le corps vivant est vivant parce qu'il est un processus évolutionnaire qui s'inscrit dans une durée générique de création et de procréation.*

En France, on appelle identité ce qui est en fait l'*identification* de la personne de la naissance à sa mort et qui permet à l'État de s'adresser au *même processus en cours*. Mais ce n'est pas la *même* personne. Un nourrisson n'est pas un vieillard. Nous ne sommes pas identiques de notre conception à notre sénilité. Identité veut dire identique. Mais rien dans la nature n'a d'identité; chaque entité apparente n'est que le moment d'un processus. Lavoisier l'avait clairement énoncé: "rien ne se perd, rien ne se crée, tout se transforme". Mais il faut croire que ça doit gêner encore beaucoup de monde.

L'identité et sa quête ne sont que des symptômes de la séparation de l'esprit qui ne pense, depuis Platon, qu'avec des nombres et des concepts clos, inventés par l'homme auto-hypnotisé par sa propre imagination. On associe ainsi des êtres humains, des êtres vivants, à des nombres et à des concepts qui sont inertes. Les nombres nous sont uniquement utiles pour construire des objets mécaniques, faire des statistiques et pour organiser le bien commun. La quête de l'identité est le refus de la vie; elle est une maladie du corps qui s'est séparé en deux dont l'une veut empêcher l'autre de vivre. Le corps ne peut plus alors que gémir, tomber malade ou développer un cancer, c'est-à-dire mettre fin à la saine synergie organique.

De la déhiérarchisation du monde ou le retour à la vie

Sans remonter au précédent, on a vu récemment le président en exercice s'adresser plusieurs fois aux citoyens en disant: "La France n'est pas un pays comme un autre..." Comment une telle parole peut-elle être tenue par le responsable du pays qui inventa l'égalité et les droits de l'homme? Alors, la France, pour reprendre la boutade de George Orwell, serait plus égale que les autres pays?

Cette parole contient tout le problème. Relevée, ni à droite ni à gauche ni ailleurs, cela montre le mal fondamental dont souffre cette collectivité. Elle se pense séparée, transcendantale. Je veux parler bien sûr, et surtout, de ceux qui se nomment eux-mêmes ses "élites" qui sont toutes formées sur le même moule décrit précédemment. Mis à part le côté insultant pour les autres pays qui ne seraient donc que des pays comme les autres – mais heureusement je doute qu'ils en ressentissent l'outrage –, je pense que le ridicule du propos n'est même pas relevé par les media. C'est plus grave! Même si je pense qu'une bonne partie des gens de ce pays valent beaucoup mieux que leurs "élites", comme l'ont prouvé les gens ordinaires qui sauvèrent les deux tiers des Juifs français de l'extermination programmée par les thuriféraires du petit peintre viennois tandis que la majorité de leurs élites se vautrait dans la boue totalitaire.

Dans ce même pays n'entend-on pas encore des commentateurs prononcer, encore une fois sans aucune vergogne, l'expression d'une effrayante bêtise: "république bananière", quand ils veulent stigmatiser un État "comme un autre"? Comment un tel pays, qui se donne de tels dirigeants, n'engendrerait-il pas des réactions violentes devant les changements du monde humain dont nous venons de parler et qui expriment une remise en cause globale de sa manière de penser? Heureusement dit-on, il ne s'agit que d'une minorité qui manifeste! Mais celle-ci représente justement une grande partie de ceux qui ont été formés ou aspirent à l'être dans les principes dont nous venons de parler. Principes qui s'opposent à l'égalité, aux droits des femmes, des enfants, des familles actuelles, des hommes qui s'aiment et des femmes qui s'aiment, à la PMA et à la GPA car ils contredisent les principes métaphysiques éternels: la femme, l'homme, la hiérarchie, l'autorité, le pouvoir, la famille, le sexe, l'éducation, etc.

Rappelons quand même ceci! Les êtres humains au cours de leur longue histoire non écrite ont pratiqué la GPA dans toutes les cultures, je l'ai observé moi-même chez les Inuit. Lorsqu'une femme ne peut pas avoir d'enfant, une amie ou une proche se propose de lui en faire un ou de lui donner l'un des siens. Cela existait même dans les campagnes françaises il n'y a pas encore si longtemps. L'avortement a été pratiqué en masse jusqu'au XVIIIe siècle par les femmes de France, alors qu'elles couraient le risque d'être brulées vives comme sorcières par l'Église. A la même époque, l'Église brûlait toutes celles et tous ceux qui osaient la contredire, pour hérésie, après les avoir longuement torturés au nom de son dieu miséricordieux. Quant aux homosexuels, dans toutes les cultures des chasseurs-cueilleurs observées en Amérique du Nord au Sud, ils avaient leur place et un statut reconnu.

Aujourd'hui, certains découvrent avec stupeur que les animaux aiment tendrement leurs petits et les élèvent mieux que la plupart d'entre nous aujourd'hui. Qu'ils ne pratiquent aucun châtiment corporel, aucune punition et qu'ils les élèvent avec tendresse, patience et protection. Mais la différence avec nous autres, qui avons été civilisés par les hommes spiritualisés, c'est qu'ils les ont toujours aimés. Cela aussi a changé et ce n'est que le début de notre reconnaissance de tout ce qui est vivant et de la déhiérarchisation du monde en cours. Mais ceux qui manifestaient l'an dernier dans les rues de Paris et d'ailleurs, ce qu'ils veulent, c'est garder le pouvoir sur cet enfant pour que l'obéissance et la soumission deviennent une seconde nature, comme pour eux. C'est tellement facile pour les parents de manipuler les enfants, qui ne demandent qu'à être aimés, en les éduquant avec la peur de ne plus l'être. Mais ils aiment punir, ils aiment la souffrance et déteste la jouissance, le plaisir, la créativité et la liberté. Mais ce qu'ils ne supportent pas, par-dessus tout, c'est que les femmes soient libres, qu'elles leur échappent, qu'elles les quittent, qu'elles aient des droits. Même si je n'oublie pas qu'il y a aussi des femmes parmi ces hommes-là.

Au surplus, ils ne supportent pas non plus que les hommes s'aiment entre eux parce que cela aussi contredit leurs principes éternels. "Un homme est un homme et une femme est une femme", et ainsi de suite. Toujours l'identité éternelle. La liberté pour eux c'est toujours celle d'avoir le pouvoir sur d'autres afin de les empêcher de se différencier. On comprend qu'ils soient tristes et anxieux. Ils ne supportent pas la fin du patriarcat.

Ne soyons donc pas étonnés de voir défiler dans la rue dans le même cortège, des gens de gauche, de droite, des racistes, des jeunes idéologues, des chrétiens, des musulmans et sous la même bannière cachée: "Au diable vos lois sur la famille: laissez-nous tranquille chez nous taper sur nos gosses si nous en avons envie!" Ils sont juste tous d'accord pour être les seuls responsables de leurs enfants, comme avant, leurs grands-parents. Mais s'ils étaient aussi affectueux que les animaux, on pourrait bien les laisser faire.

Oui! Il y en a encore qui défendent les châtiments corporels. Ils confondent d'ailleurs la punition avec la pénalité qui ne nécessite aucune violence à la personne. La pénalité ou la sanction est un acte légitime dans le cas de non-respect d'une loi ou d'une règle acceptée par celui qui la reçoit. Mais la violence du châtiment n'est que le soulagement de l'angoisse de celui ou de celle qui voit que le pouvoir sur l'autre lui échappe; dans le premier cas, la personne est considérée comme responsable, dans le second elle n'est pas considérée comme personne mais comme objet et on porte atteinte à son intégrité physique. Le frappeur éprouve l'angoisse devant la liberté que l'autre prend et qu'il n'ose pas prendre lui-même ou soulage sa culpabilité de ne pas avoir été puni lui-même lors de ses propres transgressions. Le châtiment, la claque ou autre, ne signifient rien d'autre que la volonté de prendre ou de reprendre le pouvoir sur l'autre, quel qu'il soit. Ce ne peut être qu'un acte de servilité. Le frappeur est toujours l'esclave d'un maître et/ou le maître d'un esclave. Ces personnes ne conçoivent les relations humaines que sous le degré zéro de l'intelligence, le mode binaire: les forts et les faibles, les bons et les méchants, les riches et les pauvres, les intelligents et les stupides, les gagnants et les perdants, etc. Ils sont les idéaux-type de l'homme à la pensée séparée du corps. Incapables de ressentir dans son propre corps *ce que peut ressentir un être humain lorsqu'il est battu par un autre juste parce qu'il a autorité sur lui.* Soit parce qu'il n'a jamais été battu. Soit parce qu'il a été trop battu pour ressentir encore quelque chose.

Voilà ce qui a commencé à changer depuis environ quarante ans! Irrémédiablement! Et ce n'est pas fini car nous avons encore beaucoup à faire… pour construire un monde humain réconcilié avec ce dont nous sommes issus si nous voulons mettre fin à notre autodestruction.

Le nécessaire retour de l'immanence vécue

Et notamment d'oublier Descartes pour nous tourner cette fois vers l'immanence de Spinoza qui nous invite à nous concevoir inclus dans la nature en même temps qu'issu de ses transformations; et retrouver la joie de vivre avec tout ce qui vit. Car, pour étendre le fameux *"rien d'humain ne m'est étranger"* de Terence, disons maintenant aussi: *rien de ce qui vit ne nous est étranger.*

La mécanique, aussi sophistiquée soit-elle, dût-elle s'appeler "intelligence artificielle" ne pourra jamais, comme le disait Spinoza pour qui c'était la vertu première, donc l'"intelligence": *persévérer dans son existence*, créer et procréer.

L'immanence radicale pour poursuivre notre décentrement: de trois vexations et d'une autre encore

Freud avait parlé des trois "vexations"[17] que nous avons dû apprendre à surmonter au cours de notre histoire. La première, avec Copernic, Kepler, Galilée, Bruno, nous a conduit à admettre que la terre n'était pas le centre du monde; la deuxième, avec Lamarck et Darwin, que l'homme n'était pas le centre de la création mais l'extrémité d'un processus évolutionnaire; la troisième énoncée par Freud, que la conscience et la raison n'étaient pas le centre de notre comportement, la majeur partie étant inconsciente.

Il nous faut maintenant poursuivre notre décentrement pour nous réconcilier avec le reste de la nature dont nous sommes issus, qui nous contient et que nous contenons en parties dans notre organisme. Cette immanence radicale nécessite pour être acceptée et surtout, vécue, de surmonter une quatrième vexation; un quatrième renoncement nécessaire pour inventer une autre vie humaine: la pensée humaine, la raison, qu'elle

[17] Le terme de "vexation" employé par Freud, que ses épigones ont traduit par "blessure narcissique", est équivalent à sevrage. Notre évolution individuelle, notre apprentissage de la vie, est une suite de vexations que nous avons dû surmonter pour grandir et devenir autonome, à commencer par notre naissance qui commence par une expulsion, puis par la privation du sein de notre mère ou par la première séparation d'avec elle, et ainsi de suite. A chaque étape, nous apprenons à renoncer définitivement à ce qu'on considérait comme une partie de nous-mêmes et que nous croyions indispensable pour vivre. Certains ne s'y font jamais, meurent ou tombent malade, mais, fort heureusement, la plupart d'entre nous y parvient.

soit scientifique, philosophique ou autre, n'est pas un miroir du monde. Accepter notre immanence naturelle c'est considérer que la pensée humaine ne peut être, sans tomber dans l'absurdité, un processus autoréférentiel ou paradoxal que la nature aurait engendré pour se parler à elle-même. En revanche, elle peut se donner comme projet la poursuite de la créativité humaine et renoncer à la quête de l'explication finale, fût-elle tangentielle, qui n'est qu'une chimère narcissique de plus. Je pense que ça ne nous couterait rien de plus que lorsque nous avons fini par renoncer à trouver le sexe des anges. Et puis, trois ou quatre vexations, la belle affaire! Nous sommes habitués. Je plaisante, mais je sais que ça ne sera pas si facile. Je ne suis même pas certain que nous en soyons capables. Mais nous pouvons toujours nous donner les moyens d'essayer, juste pour voir la jouissance que nous en tirerions.

L'obsession compulsive de l'explication

La plus célèbre revue scientifique se nomme: *Nature*. Spinoza aurait sans doute sourit, et aurait pu dire: "pourquoi pas «Nature ou, autrement dit, Dieu»?". Mais il ne s'agit pas, dans cette revue, de la *nature* de Spinoza, c'est-à-dire de tout ce qui est. Non! Il est ici entendu par "nature" tout ce qui nous entoure, sauf nous. Je veux dire, nous, entièrement! Car si nous nous incluions dans la nature, nous serions contraints de penser que tout ce que nous pensons est aussi naturel que le reste; qu'il n'y aurait rien de non-naturel. Par conséquent, nous ne pourrions pas non plus prétendre que nous découvririons les principes de fonctionnement de la nature puisque cette quête de la découverte serait, aussi, de la nature.

Mais cette compulsion explicative, évidemment absurde et morbide, n'est possible que par la croyance en la vérité inventée par l'homme séparé. Un des maîtres-mot de l'homme séparé, ou plutôt qui se croît tel, est toujours: *objectivité*. Ce qui montre immédiatement combien il se conduit comme s'il était séparé de la vie en général et de sa propre vie. Car un objet ne peut être que mort, inerte ou encore, mécanique, ce qui revient au même. Serons-nous capable de cesser cette folie? De renoncer à la séparation névrotique, chimérique et autodestructrice pour nous réaccoutumer, comme nos ancêtres les chasseurs-cueilleurs, mais sous une forme disons, plus complexe, à ressentir la vie partout autour et dedans nous-mêmes pour reprendre la construction du monde vraiment humain qui existait avant l'invention du pouvoir séparé? Il n'est peut-être pas trop tard, nous pouvons encore écouter ceux qui vivent encore en étant pleinement humains, mais il ne reste plus beaucoup de temps avant qu'ils ne disparaissent.

III. Réflexions sur la croyance en général, sur la laïcité à la française et sur la liberté d'expression à l'usage des collégiens pour aider les professeurs

Le sacré aujourd'hui

Qu'est-ce qui est sacré dans la société? On ne peut pas dire "rien n'est sacré, tout peut se dire" sans être contradictoire. Le sacré signifiait à l'origine un tabou, une interdiction: ne pas toucher à ce qui représente la communauté. Ne pas toucher, au sens propre, pour ne pas souiller; puis ne pas toucher au sens figuré, d'abolir, de supprimer. Aujourd'hui, le sens du sacré existe encore dans notre société de la marchandisation généralisée. Par exemple, on ne touche pas à la monnaie (interdiction de la brûler, de la détruire, de la copier). Ainsi, lorsqu'on dit: "rien n'est sacré, tout peut se dire", on lance en fait une nouvelle injonction de sacralisation: on ne touche pas à la liberté totale d'expression. C'est le sens du mouvement actuel. La liberté totale d'expression pour chacun d'entre nous est notre sacré.

On va donc parler et reparler de la laïcité mais il faudrait apprendre à se dire vraiment pourquoi nous l'avons inventée. Non pour respecter les religions et les idéologies avec ou sans dieu, et les reléguer dans le privé individuel; car un lieu de culte ou de réunion n'est jamais un lieu individuel et les dieux et les idéologies ont encore soif de sang. Nous avons inventé la laïcité, pour tenir en respect toutes les religions et toutes les idéologies contre leur tendance et leur tentative de totalitarisation de la vie humaine, autrement dit de la destruction de toute joie de vivre, de toute ironie gouailleuse, jouissive et créative. Il faudra bien un moment donné prendre le courage de le leur dire.

Chaque citoyen a le droit de croire ce qu'il veut, mais dès que sa croyance devient un mode de vie nécessairement partagé et une explication totale du monde cela devient de fait une religion, avec ou sans dieu, qui menace non seulement les croyances mais la vie des autres. C'est un fait humain actuel, la plupart d'entre nous ne peut pas croire sans penser que ce à quoi il croit soit la vérité toute nue; toute croyance invente la vérité. La laïcité vue ainsi est la garantie de notre liberté car elle ne permet pas qu'une croyance religieuse ou autre s'impose comme la seule possible. D'une certaine façon, plus il y a de religions, de croyances de toutes sortes, plus chacun peut croire ce qu'il veut et reste libre aussi de ne pas croire. Cependant, ce n'est malheureusement pas si simple.

Les croyants ne sont pas que religieux

Ce qui est difficile pour les croyants en quoi que ce soit, c'est qu'accepter la liberté d'expression pour tous c'est nécessairement reconnaitre et accepter que sa croyance n'est qu'une croyance parmi d'autres, c'est-à-dire une invention humaine, une fiction, un roman que des êtres humains ont partagé dans le passé, souvent par force, contraintes et inquisitions diverses et qui finit par devenir plus ou moins une coutume familiale. Cela a engendré un clivage contradictoire dans la vie des êtres humains dans les sociétés modernes.

Marx avait déjà souligné la contradiction du scientifique, par exemple du biologiste ou du paléoanthropologue qui découvre les principes naturels de la procréation et de l'évolution la semaine et qui le vendredi, le samedi ou le dimanche croit aux miracles divins ou à une vierge qui devient mère après avoir été fécondée par un ange ou encore que le monde a été créé il y a 5775 ans. Mais, à bien y regarder, il y a quelque chose de commun entre les religions et la science. C'est la "Vérité". Les uns pensent la posséder, les autres pensent parvenir à la découvrir. Vérité ne signifie pas ici vérité juridique, qui est une décision pragmatique de justice, mais celle, métaphysique, transcendantale, d'une identité postulée entre la pensée et le reste du monde. C'est ce postulat qui rend difficile pour la plupart des croyants d'être en mesure de réévaluer ce qu'ils pensent, de tenir compte de leur expérience réelle de la vie; leur pensée fonctionne alors de manière autonome, séparée du reste de leur corps, ils deviennent alors, progressivement, au sens propre du terme, insensibles.

Les religions chrétiennes donnent l'impression d'avoir compris, mais ce n'est qu'une impression. Elles font semblant de jouer le jeu de la laïcité mais elles attendent de prendre leur revanche. Elles sont toujours en embuscade. Il suffit de rappeler les grandes vagues de manifestants chrétiens exaltés de l'année dernière dans ce pays qui luttaient contre l'octroi de droits aux homosexuels. Les mêmes qui n'avaient pas non plus hésité, il y a quelques années, à porter plainte contre les dessins "blasphématoires" de Charlie Hebdo. Commençons à céder un pouce et ils prendront le bras! On me dit: mais il ne faut pas heurter les croyances et ne pas provoquer inutilement pour ne pas risquer le pire. Mais moi aussi, je suis heurté par les croyances que je considère comme des résidus de l'histoire humaine et qui, compte tenu de ce que nous apprenons aux enfants en classe et dans les universités, véhiculent des tissus d'absurdités. Mais je n'empêcherai pourtant jamais personne de les penser. Et si, ceux qui croient en quelque chose veulent se moquer de ce que je dis ou de ce que j'écris, je n'irais jamais demander à l'État de les faire taire.

Ce qu'il faut apprendre vraiment pour vivre libre ensemble

Être heurté, blessé, c'est la condition de tous ceux qui veulent vivre leur humanité pleinement. Ne pas vouloir heurter, blesser et ne pas vouloir être heurté ou blessé c'est se priver de l'apprentissage de la tolérance et de la relativisation des croyances, de toutes les croyances. Toute relation saine avec un autre être humain implique de relativiser sa propre pensée pour écouter celle de l'autre. Dans relation il y a relatif sinon il y a meurtre potentiel. Pour cela il ne faut pas poser le sacré dans notre croyance mais ailleurs, en dehors des croyances, dans un mode de vie général accepté par tous. Cela porte un nom: liberté d'expression de paroles et d'écrits. La limite à cette liberté ne peut également être définie que par une loi commune et non une loi particulière. Par exemple, l'appel au meurtre, à la haine, c'est-à-dire à tout ce qui peut porter atteinte à l'intégrité physique de l'individu.

Voilà ce qu'il faut apprendre à faire, tous autant que nous sommes, pour vivre ensemble. Accepter d'être moqué, pour rire et pour ne pas se prendre au sérieux. Musil disait dans "*l'homme sans qualité*" que "toute idéologie (avec ou sans dieu, *c'est moi qui ajoute*) a comme caractéristique de se transformer en absurdité dès lors qu'on veut la mettre en pratique". Oui! Vous avez bien lu, avec ou sans dieu. Parce qu'il existe des athées militants qui sont eux aussi persuadés de posséder la vérité. Ce sont aussi des croyants, ils croient en la vérité. Je récuse pour ce qui me concerne le terme d'athéisme qui est un terme inventé par les croyants pour stigmatiser ceux qui sont *sans* dieu; car ils veulent dire qu'il leur manque quelque chose.

Les mots ne sont pas neutres et ils véhiculent toujours des idées auxquelles nous ne faisons même plus attention par habitude. Si, comme le disait Albert Camus, mal nommer les choses, c'est ajouter au malheur du monde, nous avons un sérieux travail devant nous. Le terme d'antisémitisme en est un exemple frappant puisqu'il a été inventé par ceux-là mêmes qui le prônaient; des judéophobes compulsifs et racistes du XIXe siècle. Ce sont ceux, des Français d'ailleurs, comme Vacher de Lapouge, qui ont inventé les mythes aryen et sémite dont se nourrira le petit peintre viennois. Et, à voir ce qui se passe, je me demande parfois si ce dernier n'a pas fini par gagner la guerre. Certains se cachent même derrière ce concept fallacieux avec une certaine fierté car il leur permet, selon eux, de se différencier des racistes. J'ai encore entendu certains s'exclamer: "je suis antisémite, mais je ne suis pas raciste". Mais un judéophobe est un raciste comme un autre, c'est-à-dire un sociopathe. Le délit de racisme ne signifie pas que les races existent mais que les racistes classifient dans un certain ordre les êtres humains dans des catégories fantasmatiques qu'ils nomment races. Comme ce sont des hommes blancs qui ont inventé le concept, ils ont bien sûr classé la "race blanche" au sommet de la classification. Mais tout raciste peut modifier le classement, si je puis dire. Le concept d'antisémitisme laisse supposer qu'il existe une race sémite et donc une race aryenne supérieure à la précédente, ce qui était le fantasme de ceux qui les ont inventées partagé par les nazis. Le terme est maintenant entré dans les mœurs internationales et je ne peux m'empêcher d'avoir l'impression, là encore, que les nazis ont fini par nous contaminer sans que nous nous en soyons rendu compte.

Je n'ai personnellement nullement besoin d'un concept spécifique pour vivre libre et être capable de parler avec chaque être humain de la terre sans le stigmatiser *a priori* ou le prendre pour un imbécile parce qu'il croit ou simplement pense ceci ou cela. Mes voyages ethnographiques, mes études anthropologiques complémentaires et la lecture assidue de Claude Lévi-Strauss m'y ont aidé. Il existe tellement d'êtres humains; chacun pense à sa manière, chacun est un monde, irréductible, unique et irremplaçable. Et chacun d'entre nous n'arrivera qu'une fois dans toute l'histoire du monde.

Je ne suis pas sûr que nous parvenions un jour à vivre ensemble, tous, sans se faire la guerre, sans massacre, mais nous pouvons au moins essayer d'inventer la manière d'y parvenir. Je ne me considère pas comme possédant la vérité. Et je ne demande nullement que les autres pensent comme moi. Je ne crois en rien, et je n'ai donc l'espoir de rien. Et je vous assure que je vis très bien comme ça. Spinoza aurait d'ailleurs pu reprendre à son compte, après Sénèque, le mot de Guillaume d'Orange: "Il n'est pas nécessaire d'espérer pour agir, ni de réussir pour persévérer".

La laïcité à la française est-elle la seule voie possible pour vivre ensemble pacifiquement?

... 1665, Spinoza termine son ouvrage *Tractatus Theologico-Politicus...*

> *"Si la législation politique décrétait que seuls les actes peuvent être poursuivis, sans que les paroles soient jamais sujettes à sanction, les troubles intérieurs ne se pareraient plus d'une apparence de droit et les controverses ne se transformeraient plus en sédition."*
>
> Spinoza

... et aujourd'hui, 350 ans plus tard, que pouvons-nous faire pour que la liberté d'expression et la tolérance soient possibles et souhaitables à tous?

Vivre dans une société où règne la liberté d'expression n'est donc pas vivre la paix des braves. C'est un principe de surveillance, de "*containment*", permanent de notre tendance au totalitarisme, à la quête du pouvoir absolu et de la toute-puissance infantile. Il y aurait long à dire à ce propos. Nous devons apprendre à nous surveiller nous-mêmes, chacun d'entre nous, pour accepter les autres au lieu de les rejeter parce qu'ils ne pensent pas comme soi.

Il y a sans doute plusieurs manières d'organiser cette retenue, cette contrainte. Retenons-en deux! La manière française et la manière américaine. La manière française est issue de la lutte entre deux universalismes, mais nous dirions aujourd'hui, au risque d'en fâcher plus d'un, deux totalitarismes, l'Église catholique et les rationalistes radicaux héritiers de la Révolution. Les uns, pour le dire à la française, bouffaient *du* curé tandis que les autres bouffaient *avec* le curé. La laïcité à la française permet l'irrespect des religions mais je ne suis pas sûr qu'elle accepterait l'irrespect et la moquerie des dogmes scientifiques pas davantage prouvables que l'existence des dieux[18]. Elle interdit les démonstrations publiques d'appel à la haine, et tolère la constitution de fait des communautés tout en proclamant des objurgations permanentes envers le communautarisme. La manière américaine permet les démonstrations publiques de racistes et d'appel à la haine mais interdit le blasphème et l'irrespect des croyances. La première forme semble contraindre davantage à accepter la relativisation des croyances et à faire l'expérience de la tolérance envers l'autre dont je parlais précédemment, mais l'État peut, à chaque instant, changer d'avis. La seconde qui repose sur l'interdiction de critiquer les religions, permet à tous de considérer que la croyance de sa communauté est la

[18] On a vu encore récemment nombre de ses thuriféraires, après les attentats de janvier 2015, tourner en dérision ceux qu'ils nomment les relativistes culturels. Il est difficile, pour quelqu'un d'extérieur, de voir autre chose, dans ces déclarations, que du racisme déguisé ou qui s'ignore. N'oublions pas que c'est au nom des soi-disant valeurs universelles que la colonisation fut justifiée avec tout ce qu'elle a comporté de paternalisme satisfait, d'esclavage masqué et de racisme larvé. Les droits de toute personne humaine ont mis plus de deux siècles a être déclarés aux Nations Unies, et ils ne sont toujours pas appliqués.

vérité sans avoir à la confronter à celle des autres. Là, chaque communauté vit une sorte de petit totalitarisme local et temporaire où l'on se retrouve convivialement, mais ne peut pas l'imposer à l'ensemble des communautés.

De ce point de vue, plus il y a de cultes plus il est impossible à l'un d'entre eux de l'imposer comme mode de vie général totalitaire et plus la liberté d'expression est garantie[19]. Je me limite ici à ne parler que des communautés religieuses et/ou culturelles, mais il faudrait aussi parler des communautés nationales voire "raciales" ou "ethniques" au sens des USA et du Canada et aussi des idéologies qui sont traitées différemment que les cultes. Ce dernier point constitue encore l'héritage des USA qui ont été créés par les puritains qui ont fuit les persécutions qu'ils subissaient en Angleterre. Il est donc normal que la liberté de culte soit prioritaire sur toutes les autres. C'est pourquoi aussi la non appartenance à un culte quelconque est encore perçu aux USA comme "anormale" dans les mœurs sinon dans le droit.

Je considère ces deux formes comme louables et comme possédant chacune leurs qualités et leurs défauts propre. Personnellement j'ai vécu les deux formes et je ne sais pas encore laquelle constitue la manière ultime pour vivre en bonne communauté sans s'entretuer. Les deux sont améliorables à moins que nous en inventions de meilleures.

---

[19] J'écrivais plus haut que les religions sont toujours en embuscade pour exercer leur tendance totalitaire; nous voyons cela aux USA où dans certains États, certains cultes chrétiens d'intégristes radicaux demandent régulièrement d'interdire l'enseignement de la théorie de l'évolution à l'école. Mais sans aucune chance d'avoir gain de cause ailleurs que dans leur groupe.

Mais allons encore un peu plus loin. Il ne s'agit pas seulement ici, avec la laïcité et la liberté d'expression, de telle ou telle religion, de tel ou tel dieu ou de telle ou telle croyance. Mais de notre tendance compulsive, obsessionnelle et sociopathologique, à l'explication totale du monde, à la quête de l'absolu. Et dans ce cas, nous ne sommes plus présents au monde, nous vivons dans un monde fantasmé.

Comment savoir si nous sommes présents au monde? En vérifiant à chaque moment si nous sommes capables d'écouter l'autre calmement et en prenant ce qu'il dit en considération pour tenter de le comprendre sans chercher à le convaincre de penser comme soi mais en recherchant quelque chose de commun; c'est la recherche ou la construction de ce qui est ou devient commun qui est justement le propre de la "communication", comme Montaigne le pensait, qui nous permet de vivre ensemble.

D'ailleurs, la science elle-même n'est pas exempte de cette pathologie. Elle a maintenant ses intégristes totalitaires avec les projets paranoïaques de Google avec le "transhumanisme". Paranoïaque parce que nous retrouvons chez les personnes schizophrènes paranoïaques la construction d'un tel système délirant qu'ils répètent continûment et qui est pour eux la seule réalité. Nous retrouvons donc également un tel système dans les religions avec ou sans dieu, mais aussi dans la science dévoyée lorsqu'elle veut devenir la religion générale de l'humanité. C'est le projet Google. Ce dernier n'est pas moins dangereux, bien au contraire, que ceux qui nous soulèvent le cœur aujourd'hui.

"Mal nommer les choses, c'est ajouter au malheur du monde" écrivait Albert Camus. En nous penchant avec attention et réflexion sur la manière dont nous nommons les hommes et les affaires humaines, nous allons voir comment nous entretenons le mal, souvent sans nous en rendre compte. Pour commencer, il me semble important que nous réfléchissions sur cette belle invention qu'est la laïcité. Je pense qu'il y a trop de confusions, de manquements, d'ambigüités et de malentendus qui ne sont plus tenables aujourd'hui. Un aggiornamento me paraît urgent.

Essayons d'y voir plus clair! Je prendrais surtout l'histoire des Juifs de France, comme exemple symptomatique, pour illustrer ces confusions et ces malentendus. Je ne prétends ni poser ni répondre à toutes les questions, j'invite simplement le lecteur à la réflexion et à prendre le temps de lire même s'il est choqué en cours de route, pour éviter, ce que je souhaite, les malentendus. Je terminerai en invitant à créer des forums partout avec tous les jeunes des collèges afin que les cœurs s'ouvrent, car c'est urgent.

Lorsque pendant la Révolution les Juifs obtinrent le droit d'être citoyens à part entière d'un pays, pour la première fois dans l'histoire, ce fut dans les termes connus suivants: "Tout en tant qu'individus, rien en tant que peuple". Jusqu'à la seconde guerre mondiale, la grande majorité des Juifs d'Europe se sentait redevable de la France pour cela. Mais une première faille avait été creusée dans cette reconnaissance avec l'Affaire Dreyfus qui avait accéléré la naissance du projet sioniste.

Mais, après le massacre des Juifs d'Europe et la création de l'État d'Israël, la grande majorité des Juifs de France s'est progressivement considérée comme faisant partie d'une entité nationale propre. Une petite partie seulement est restée fidèle à la conception de la Révolution et ce sont pour beaucoup des Juifs dits laïques ou athées. Mais aujourd'hui, beaucoup de Juifs laïques ou athées se considèrent aussi de nationalité juive. Bien sur, le mot nationalité ici n'a pas le même sens que celui que l'on emploi habituellement en France, je parle donc ici non de celui des profs de Science Po, mais phénoménologiquement, du ressenti profond des gens qu'il est inutile de nier.

On voit donc que la république française n'est plus à jour lorsqu'elle continue de parler des Juifs uniquement comme des concitoyens de confession juive puisqu'elle ne tient compte ni des Juifs non confessionnels, ni des Juifs qui se considèrent comme membres d'une nation historique. Un exemple frappant est qu'on continue généralement à écrire en France le mot juif avec un j minuscule, pour signifier qu'il s'agit d'une personne de religion juive, alors que partout ailleurs ou presque on écrit Juif avec un J majuscule pour signifier qu'il s'agit d'une personne de nationalité et/ou de religion juive. En écrivant cela, je suis conscient que toutes les questions ne sont pas soulevées et certaines sont trop complexes et trop grosses de passions et de polémiques pour être abordées aussi rapidement. Je pense notamment à la distinction radicale ou encore à la confusion que certains peuvent faire avec les notions de nationalité juive et de nationalité israélienne. Mais continuons!

Ainsi, lorsque la République parle de communauté juive et de ses représentants elle ne parle que des pratiquants, pas des autres et ils sont nombreux. Les Juifs de ce pays ne sont plus uniquement, et depuis longtemps, les descendants de ceux qui, arrivés avec les soldats romains, apportèrent le foie gras dans le Sud-ouest et en Alsace, inventèrent le yiddish dans la région du Rhin et plantèrent de la vigne en Champagne et ailleurs. Mais il faut bien se rappeler que les Juifs de France ne sont pas arrivés hier. Le cas des musulmans est différent mais tout aussi difficile à tenir[20]. En effet, la grande majorité des musulmans de France est arrivée récemment et vient pour la plupart de pays arabo-musulmans et déclare souvent jouir d'une double ou triple nationalité, soit au sens administratif et politique classiques soit aux sens culturel et sociologique.

Quand aux media français, on se sait plus si elles parlent d'Arabes, d'Africains ou de musulmans tellement la confusion règne. Souvent on pense qu'Arabe et musulman vont de pair.

---

[20] Il faut rappeler ici les décrets Crémieux de 1870 qui donnèrent la citoyenneté française aux Juifs d'Algérie et autorisa la nationalisation des musulmans à leur demande. Ce décalage dans le traitement des deux communautés a certainement engendré un ressentiment de la part de certains musulmans. Mais il s'agissait surtout d'émanciper les Juifs d'Algérie du statut spécifique de "Dhimi" que les non musulmans subissaient en terre d'Islam. Il reste que les musulmans d'Algérie ne pouvaient devenir citoyens français qu'à leur demande. Concernant ce problème de différence de traitement entre les Juifs et les Arabes en France toujours d'actualité, je renverrais le lecteur au lien internet suivant pour l'article de Rudolf Bkouche, *Du philosémitisme d'État* in http://www.ujfp.org/spip.php?article4117

Le fait aussi que la religion musulmane, qui par principe (comme c'est encore le cas quelquefois pour les deux autres religions du Livre), ne distinguant pas encore clairement, sauf exceptions notables, le "spirituel" du "temporel", ajoute à la confusion entretenue par la laïcité française telle qu'elle est conçue actuellement. Être musulman ce n'est pas appartenir à une nation, mais dès lors qu'on est musulman, la fidélité à la religion passe le plus souvent avant la fidélité nationale. Ce qui ne facilite pas le problème de ces croyants dans la République française. Dans le cas des Juifs français, très minoritaires, qui émigrent en Israël, le choix ne se présente pas entre une loi religieuse et une loi républicaine, mais plutôt entre une loi nationale et une autre loi nationale. Cependant, la grande majorité désire rester dans ce pays qu'elle considère comme le leur depuis des siècles. Et pour certains quitter la France donnerait raison à Hitler et à Pétain.

Il devrait être évident pour tous les Français, que la France sans les Juifs de France ne serait plus la France, tout comme la France sans les Bretons, les Arabes, les Noirs ou les autres ne serait plus, non plus, la France.

Comment clarifier tout cela et comment aider ceux, religieux ou autres qui le veulent, à accepter la loi de la république? En fait, la République une et indivisible ne s'est faite ni en un jour ni pacifiquement mais dans le sang et les larmes. Et la France est restée, bon an mal an, un pays souvent coupé en deux. Les républicains laïques d'un côté et les catholiques, disons pratiquants, intégristes ou fondamentalistes (bien que cela peut être plus nuancé), de l'autre. Cela a duré tout le XIXe siècle et une bonne partie du XXe, jusqu'aux dernières manifestations contre les droits des homosexuels. Par contre on ne peut pas reprocher à un journal catholique comme *La Croix* de considérer comme blasphématoire les dessins de Charlie; le blasphème concerne les croyants mais seulement les croyants. Cependant, ils n'appelleront pas au meurtre pour autant. Comme on l'a déjà dit, la laïcité supprime la notion de blasphème mais la république punit les appels au meurtre. Comment tout cela est-il arrivé?

La France Républicaine, l'État français né pendant la révolution, s'est fondée sur l'idée de République universelle. L'État révolutionnaire a fait fusionner les composantes régionales, linguistiques et culturelles très diverses de l'hexagone en une nation indivisible composée d'individus libres pour unifier les différents peuples qui la composaient.

Beaucoup de Français connaissent mal leur propre pays. Ils ignorent par exemple qu'à la fin du XIXe siècle seulement un habitant sur trois avait le français comme langue maternelle. Qu'il y avait une bonne douzaine de langues régionales que l'on nommait souvent patois par dérision. Pourtant, le basque, le breton, le flamand, l'allemand, le provençal, l'occitan, etc. sont encore parlés aujourd'hui dans les régions. On ne doit pas oublier que l'appartenance à la République s'est faite pour certains par la force et la douleur. J'ai bien écrit "peuples" précédemment comme on le dit pour tout ensemble humain qui se considère comme possédant une culture/histoire commune.

Je me place en disant cela non pas d'un point de vue universitaire ou transcendantal explicatif, mais du seul fait qui m'intéresse, celui du ressenti humain, pour comprendre et non juger. Et j'ajoute que peuple et nation sont deux concepts équivalents de ce point de vue là. On peut en effet dire indistinctement, le peuple français et la nation française pour signifier le même contenu, c'est-à-dire vous et moi. Mais le mot nation prenait dans cette France révolutionnaire un sens nouveau qu'il n'avait nulle part ailleurs, sauf à cette époque aux USA: l'État-nation était inventé. Car pour le reste de l'Europe, les mots nation, peuple, province, région, communauté linguistique, sont et restent plus ou moins équivalents; par exemple, dans la compétition "tournoi des six nations" au Rugby, se côtoient la notion britannique de nation pour les nations britanniques et la notion française de nation.

La conception révolutionnaire de la nation entraina en France l'impossibilité légale des régions, des langues régionales, etc. à se considérer comme des entités culturelles, autrement dit, d'un point de vue anthropo-culturel, des nations. Au contraire du Royaume-Uni par exemple, de l'Espagne, de la Belgique, de la Suisse et même de l'Italie. A l'inverse, les Allemands, en 1848, 1871, 1914 et 1939 voulurent faire fusionner toute la nation (au sens anthropo-culturel) allemande en un seul État, jusqu'à la défaite du troisième Reich: Ils voulaient créer une Nation-État.

La République française ne peut donc pas, dans son droit actuel, reconnaitre en son sein des citoyens appartenant à une autre nation que la nation française et qui voudraient se regrouper; bien qu'il y ait une faille ancienne à ce principe pour l'Alsace et la Moselle qui demeurent sous le régime du Concordat, et une autre, plus récente, avec les Juifs de France, depuis la création de l'État d'Israël et la crise terrible et interminable entre Israéliens et Palestiniens. Pour la République tous les citoyens français ne sont que des Français et seulement des Français, excepté les binationaux et les naturalisés qui sont d'ailleurs assez nombreux.

Cette position ne semble plus tenable aujourd'hui autrement qu'en entretenant des ambigüités qui profitent aux préjugés des uns et des autres. Il faut donc oser briser le tabou de l'État-Nation. Car c'est un tabou! Mais un tabou qui n'est plus ni respecté ni même respectable aujourd'hui. Je ne parle pas ici de ce qu'en dit l'extrême-droite car je m'en moque. Mais j'ai vraiment l'impression quelquefois que le petit peintre viennois, encore lui, n'est pas loin.

Mais revenons au fil de notre propos. L'État-Nation aujourd'hui n'est plus qu'un concept vide. Tous les États modernes, que nous le reconnaissions ou non, sont des États multinationaux ou multiculturels ce qui est, de mon point de vue, équivalent dans les faits. Il va bien falloir s'y faire.

Devant ce problème la plupart de nos responsables font l'autruche. Mais aujourd'hui il va bien falloir sortir la tête du sable. Car cela aussi est un fait, si une partie des Français est capable d'élans d'une puissante générosité qui réchauffe les cœurs, d'autres et dans une bonne proportion, ont beaucoup de mal à accueillir les étrangers de toute sorte.

La notion de nation à la française a permis de belles choses mais a aussi engendré chez ceux qui ont fait, au cours de leur histoire personnelle, de gros efforts pour devenir français en renonçant à leur particularisme culturel (et je ne parle seulement ici des immigrants, anciens et nouveaux, mais aussi des régionaux), n'acceptent pas ou difficilement les nouveaux arrivants qui ne se soumettent pas rapidement aux lois communes.

Et que dire encore de la fraction des chrétiens de ce pays qui n'acceptent toujours pas la laïcité, ou de ceux qui rejoignent les rangs de l'extrême-droite ou des manifestants contre l'octroi des droits aux homosexuels. Le premier réflexe est trop souvent la méfiance et non l'accueil.

L'accueil voilà le problème! Ne pensez pas que j'oublie les personnes de peau noire qui peinent à se sentir encore totalement chez eux ici, y compris les Antillais, citoyens de départements français, ni tous ces gens de tous les pays, de toutes les cultures et de toutes les couleurs qui viennent ici par choix et par désir et qui sont toujours regardées de travers après des années. Ce problème d'accueil se pose pourtant moins dans les pays où les communautés sont reconnues et qui accueillent les étrangers en connaissance de cause de leurs différences. Rien n'est parfait, nous le savons bien. Mais chaque étranger qui vient ici le reconnaît, la France ne sait pas accueillir l'autre. Même si de nombreux efforts ont été faits, par les institutions, ces dernières années, l'accueil, la bienvenue, sont encore loin d'être la règle.

Puissent les derniers événements nous aider à mieux accueillir. Nous devons le faire pour continuer à vivre ensemble, tous. Sans se cacher d'être ce qu'on veut être. Je pense que la laïcité peut fort bien être compatible avec un État qui reconnaitrait les communautés nationales et/ou culturelles et/ou religieuses qui le composent de fait ou qui désireraient être reconnues comme telles. Les nier, nous mène, j'en suis convaincu, à la catastrophe. L'exception de l'Alsace et de la

Moselle montre que cela est possible. Chaque individu doit pouvoir s'identifier comme il le souhaite et avoir autant d'identifications qu'il le souhaite sans qu'aucune exclue les autres. Cela nous éviterait les querelles stupides concernant l'identité française qui doivent être impérativement laissées à l'extrême-droite.

Le gouvernement et les politiques en général, ne peuvent pas continuer à vilipender le communautarisme tout en organisant une représentation communautaire des religions dans lesquelles la plupart des concernés ne se reconnaissent nullement.

Il n'existe pas aujourd'hui d'État mono-national au sens anthropo-culturel. Le problème on le voit est très complexe mais on ne peut faire l'économie d'en parler vraiment, librement et sans tabou. L'historien Shlomo Sand s'est emparé avec une intelligence et un courage inouï du problème du point de vue israélien avec des réflexions et des propositions fondamentales. Il est temps de réaliser que nous sommes au commencement d'un grand bouleversement du monde humain et il nous faut être prêt à le prendre en main avec notre cœur et notre raison.

Des assemblées dans toutes les écoles, pour tout écouter, tout dire et pour apprendre la tolérance...

Maintenant, il se pose dans ce pays un problème urgent à résoudre. Comment enseigner la laïcité à l'école, et plus particulièrement dans les collèges?

Tout d'abord, je dirais ceci: nous pouvons parler pendant des années de la manière de s'y prendre, mais rien ne sera vraiment possible tant que le conflit israélo-palestinien ne sera pas expliqué clairement et sans langue de bois à nos jeunes. Une fraction turbulente des jeunes collégiens ne pourra même pas écouter les arguments de la laïcité et des lois de la République tant que règnera l'injustice qu'ils perçoivent avec raison dans la différence de forces en présence et de traitement légal entre l'État d'Israël et le virtuel État palestinien.

Tous les arguments que ces jeunes avancent pour justifier leur refus d'adhérer aux principes d'égalité, de liberté, de fraternité et de laïcité de la République reposent sur le fait indubitable que ces principes ne sont pas appliqués au Moyen-Orient. Personne ne peut leur dire qu'ils se trompent à ce sujet. Et compte tenu de ce qui précède, on ne peut pas non plus leur dire que ce conflit ne concerne pas notre pays. Ou, comme le proclament hypocritement nos politiques, "il ne faut pas importer en France un conflit extérieur"; alors que l'armée française est intervenue en Afghanistan, en Libye et combat en ce moment au Mali et en Irak. Il faut écouter ces jeunes (y compris les plus extrémistes) qui pour la plupart ne parlent que de justice lorsque l'on creuse un peu leurs arguments. Ils utilisent la religion comme mode de défense contre l'injustice qu'ils ressentent, comme d'autres, avant eux, utilisaient les idéologies totalitaires en croyant participer à la construction d'un monde meilleur, plus juste et débarrassé de l'exploitation de l'homme par l'homme ou pour faire exactement le contraire dans le cas de l'extrême-droite.

Cela signifie que certains de ces jeunes peuvent être provisoirement inaccessibles; en particulier ceux qui se sont déjà laissés totalement endoctrinés avec implication militante. Mais les autres, la majorité, sont accessibles à la discussion.

Je parle ici en tant que praticien, épistémologue et ancien soixante-huitard. J'ai connu en 68 pas mal de ceux qui sont devenus par la suite patron de presse, philosophe, publicitaire ou communicateur distingués et qui brandissaient alors, exaltés, le petit livre rouge de Mao ou d'autres livres "sacrés", soutenant ainsi le plus grand massacre que la Chine ait connu dans son histoire et l'État le plus totalitaire, après celui de Staline et de Hitler. Sans oublier la bande d'"Action Directe" et encore d'autres qui ont mal fini par désespoir, parce qu'ils avaient trop espéré.

Il ne faut donc pas se tromper d'analyse.

N'oublions donc ni la part de monstruosité destructrice potentielle qu'il y a en nous ni la part de raison, de tendresse, de joie de vivre et d'envie de persévérer dans notre existence sur laquelle nous devons nous appuyer. C'est pourquoi j'appelle à l'organisation, pour nos jeunes des collèges surtout, d'assemblées de discussion, dans les écoles, pour que tout puisse se dire et être débattu, tant pis si parfois c'est compliqué et que les réponses manquent, mais au moins, apprenons à en parler sereinement. Ne laissons pas les individus isolés ou les groupes factieux déverser leur haine sur les réseaux sociaux sans apporter de réponses à ceux qui peuvent les entendre.

IV. Une Éthique pour notre temps: L'immanence radicale

> *"... Car ayant considéré les choses comme des moyens, ils ne pouvaient pas croire qu'elles se fussent faites elles-mêmes; mais pensant aux moyens qu'ils ont l'habitude d'agencer pour eux-mêmes, ils ont dû en conclure qu'il y a un ou plusieurs maîtres de la Nature, doués de la liberté humaine, qui ont pris soin de tout pour eux et qui ont tout fait pour leur convenance... D'où il résulta que chacun d'eux, suivant son naturel propre, inventa des moyens divers de rendre un culte à Dieu, afin que Dieu l'aimât plus que tous les autres et mît la Nature entière au service de son insatiable avidité... Mais en voulant montrer que la Nature ne fait rien en vain (c'est-à-dire qui ne soit à l'usage des hommes), ils semblent avoir uniquement montré que la Nature et les Dieux délirent aussi bien que les hommes. Voyez, je vous prie, où cela conduit!"*
>
> Spinoza, *Éthique*, (Appendice à la première partie)

De l'immanence métaphysique à l'immanence vécue et épistémique

Depuis le début de mes recherches et la publication des ouvrages qui suivirent bien des choses ont changé. Le monde humain est au seuil d'une transformation qui pourrait bien, selon les décisions que nous allons prendre maintenant, modifier notre sort en tant qu'espèce; soit nous allons être capable de poser rapidement les bases d'une socialisation globale fondée sur les droits humains mondialisés en déhiérarchisant tout ce qui compose notre monde (individus, nations, états, cultures, espèces vivantes et ressources) bref, un processus de démocratisation mondiale, soit nous nous condamnerons à nous détruire nous-mêmes, mais non pas, comme certains le pensent, à détruire la planète voire la nature qui nous survivra sans problème.

Dans cette première édition j'ai jeté les bases d'une nouvelle logique[21], d'une nouvelle manière de penser notre monde. J'y ai proposé un certain nombre de principes ainsi qu'une logique nouvelle pour sortir des impasses dans lesquelles je nous voyais engagées. Il s'agissait de tout repenser d'une autre façon. La notion que j'avais décidé d'utiliser à l'époque était celle d'information issue des conférences Macy's qui se sont tenues à New York dans les années cinquante. Ces premières conférences multidisciplinaires donnèrent naissance à la cybernétique et à la théorie de l'information qui allaient bouleverser la plupart de nos sciences, de la biologie à la psychiatrie. En poussant cette nouvelle logique, fondée sur les notions de système et d'autorégulation, aussi loin qu'elle semblait l'autoriser, je me rendis compte qu'elle engendrait les paradoxes dont je proposais de sortir dans ce livre. Le nom que je donnais à cette nouvelle mouture de la théorie de l'information fut alors théorie de l'information générale.

---

[21] Voir en particulier, *Critique de la raison scientifique* (1995), où je propose aussi une éthique axiomatique nouvelle fondée sur une logique non fondée sur la théorie des nombres; disponible aussi en ligne sur sociosomatique.com

Seulement, entre-temps, le concept d'information est devenu la tarte à la crème des publicitaires, des managers de tout poil et de certains chercheurs dont le métier consiste surtout à répéter ce que tout le monde sait déjà ou à rendre désirable ce qui est vécu comme obligatoire. Alors, la théorie de l'information générale était forcément destinée à être non seulement incomprise mais un complet malentendu. J'ai cru, comme Bachelard l'avait écrit, que "c'est lorsqu'un concept change de sens qu'il a le plus de sens", mais ce ne fut pas le cas cette fois-ci. Comme ce que je proposais était une refonte éthique et paradigmatique de cette notion, tout cela est tombé à l'eau. Je me suis trompé en voulant changer le sens d'un concept aussi furieusement utilisé et malmené que celui-ci et de celui qui lui est associé comme d'un jumeau qui ne le quitte jamais: information-communication.

Dans l'axiomatique que je proposais alors j'écrivais que les impasses et les paradoxes que nous constatons aujourd'hui dans nos sciences proviennent de la séparation que nous avons faite, depuis Galilée, Descartes et Newton, entre la forme et le mouvement; puis, conjointement, de l'invention des concept d'inertie, d'espace vide et de temps linéaire comme répétition du même et non comme durée (comme dirait Bergson) qui implique un processus créatif, irréversible et imprévisible. La dissociation, le clivage de ces deux concepts a permis le formidable essor de la mécanique – au sens large du terme – et de toute la technologie actuelle.

Mais c'est aussi par ce paradigme que nous avons mécanisé nos esprits, les êtres humains, les êtres vivants, le monde, à peu près tout. Les composants même de nos cellules se sont trouvés réduits à l'état d'objets mécaniques manipulables comme des briques, plus ou moins remplaçables et modifiables pour nourrir les rêves ou plutôt les cauchemars que certains voudraient nous préparer: une vie sans souffrance, sans maladie, sans émotion et sans plaisir voire sans mort. Heureusement pour nous, tout cela n'est que des fantasmes de scientistes fous en quête de la "vie" éternelle. Ils n'ont pas encore compris, bien que biologistes pour certains, que la vie est un mode de succession de phénomènes que l'on appelle générations. Le fait que chez les êtres humains, il peut coexister deux, trois, voire quatre générations aujourd'hui, ne remet pas en question le principe de la vie qui est que tout être vivant a une durée et donc une fin nécessaire et ce que nous nommons vie n'est concevable que dans la procréation de générations successives et non dans l'absolu de la durée de l'individu.

Et pendant ce temps, la seule perspective que l'on offre aujourd'hui aux adultes et à nos enfants est de se débrouiller comme ils peuvent pour réussir à gagner beaucoup d'argent dans la seule perspective d'acheter de plus en plus d'objets clonés pour éviter que tout s'arrête. Et tandis que certains disent: "le monde est dans une crise grave", d'autres commencent à se demander: "Et si justement on arrêtait… de consommer compulsivement pour soulager notre angoisse devant ce monde en perdition pour prendre le temps de le repenser et inventer d'autres voies d'humanisation et de socialisation". Pour cela il faudrait cesser de présenter l'économie comme autre chose que la science des ânes et reparler de l'économie politique et de sa critique. La question qui nous vient immédiatement est: est-ce encore possible?

Mais je reviens au concept d'information-communication. Je me rendis compte aussi que ses glissements sémantiques n'étaient que des avatars du principe d'inertie du paradigme cartésien-newtonien dont je parlais plus haut. En effet l'information-communication dans la théorie de Shannon et Weaver est représentée comme des quantités ou des valeurs numériques destinées à se déplacer dans l'espace sans changer de forme, comme les paroles qui passent d'un récepteur à l'autre dans une conversation téléphonique. Tout ce qui faisait changer de forme le signal fut appelé bruit. Éliminer le bruit du signal, du message, devint le grand défi technologique du monde. Ce faisant on oubliait tout le "bruit" de la transformation du monde humain qui allait suivre de la généralisation du téléphone et des media électroniques (télévision, mobile, Internet, etc.).

Ainsi, plus on développait les moyens de communication, plus le monde humain changeait et moins nous communiquons (au sens de la théorie, et c'est tant mieux) mais, par contre, plus nous mettions en commun, cette fois à l'échelle du globe, des moyens pour nous rencontrer (les media en général) et plus le monde devint assourdissant; mettant ainsi en évidence qu'il n'existe aucun but que les moyens (media) mis en œuvre pouvaient atteindre. Ce qui rend justice en passant à Marshall McLuhan qui nous avait déjà averti que le "message c'est le medium" lui-même, ce que personne n'a voulu vraiment saisir, tellement nous étions encore persuadés qu'il y avait des "messages à faire passer" (ce à quoi rêvent toujours nos publicitaires) au lieu d'un monde humain à construire. On peut donc aussi, désormais, comprendre tout ceci autrement: la communication c'est la mondialisation de nos créations, le processus qui conduit à rendre commun (communiquer) nos media, c'est-à-dire nos créations techniques et autres; et l'information c'est le processus de changement humain que cela engendre. Le message est bien le medium.

Mais, dans la théorie de l'information classique (celle de Shannon, adoptée par la biologie, les sciences cognitives, les sciences politiques, etc.), informer ou communiquer ne pouvait signifier autre chose qu'une certaine entité passant d'un endroit à un autre tout en restant identique (sans bruit); principe d'inertie qui s'énonce en physique moderne: invariance par translation d'espace. C'est évidemment, appliquer à la socialisation, le rêve de tous les tyrans: faire rentrer, par tous les moyens (de communication justement), dans le cerveau de tous ce qu'ils veulent qui y soit. On voit que le concept de communication ici ne signifie pas rendre commun à tous, mais agitation et propagande. C'est pourquoi nos politiques, nos publicitaires et nos chercheurs spécialistes ne pensent qu'à "communiquer". La théorie de l'information générale proposait une acception toute différente. Il signifiait le processus créatif, irréversible, imprévisible, de complexifications et d'accélérations croissantes de notre monde. Il fallait donc finir par y renoncer et envisager un autre concept.

Pour montrer que l'on ne peut concevoir la forme sans le mouvement qui va avec, je propose aujourd'hui le concept d'informotion (forme-motion). Cela permet de saisir dans un même élan de pensée le processus de formation (le processus évolutionnaire des formes) ET de motion (le processus évolutionnaire des mouvements de ces formes). Cela nous permet aussi de saisir chacune de nos conceptions non comme des entités closes (La Vérité, l'Amour, le Monde, l'Histoire, la Démocratie, le Code Génétique, Les Particules élémentaires, la Gravitation, etc.), ainsi que la métaphysique et la philosophie en sont coutumières depuis 25 siècles avec la plupart de nos sciences actuelles, mais comme des processus en cours.

La notion d'informotion nous invite donc à réinterpréter le monde que nous créons et dont nous sommes en partie responsables devant les générations futures. Beaucoup de nos valeurs sûres seront ébranlées dans cette tâche. Par exemple, l'une d'entre elles, les mathématiques, en tant qu'application de la théorie des nombres, ne nous serviront plus à rien d'autre qu'à construire des objets finis; ceux-là même qui nous asphyxient et auxquels nous devrons renoncer, mais aussi d'autres qui nous seront plus utiles.

Mais les mathématiques sont impuissantes, par définition, à saisir la durée, l'imprévu, bref la "formation" et la "motion" réunis comme processus créatif imprévisible et irréversible qui est notre monde. Ils sont encore plus impuissants à nous faire réaliser l'impasse dans laquelle nous sommes et de nous offrir les moyens de changer de voie. C'est pourquoi j'ai proposé dès 1992 une axiomatique non fondée sur la théorie des nombres (consultable en ligne à sociosomatique.com) une version revue et corrigée dont la version anglaise est plus complète. Sortir de la conception mécanique du monde et de la mécanisation de la pensée et déhiérarchiser nos concepts, telles sont les bases de la nouvelle éthique que je propose.

Cette nouvelle éthique s'inscrit bien sûr dans le prolongement de celle de Spinoza qu'on a nommée première pensée occidentale de l'immanence. Cependant Spinoza n'a pas vu que son immanentisme était paradoxal. En effet si la pensée humaine est aussi naturelle que tout le reste de la nature, il est alors absurde de penser que la nature aurait engendré un processus destiné à lui dire ce qu'il en est d'elle-même. Donc penser que notre pensée est destinée à découvrir, même progressivement, comment le monde fonctionne ou à montrer pourquoi il existe est absurde. Nous n'expliquons que ce que nous savons faire, et les notions de savoir ou de connaissance ne sont que les avatars de la pensée métaphysique ou transcendantale dont Spinoza a été le premier critique radical dans notre culture; et nous payons au prix fort aujourd'hui d'avoir suivi plutôt Descartes qui divisa le monde en deux substance dont l'une (la *res cogitans*) était destinée à expliquer l'autre (la *res extensa*).

Penser n'est qu'une forme de la poursuite de notre existence et de notre *implication* dans le monde (voir mon ouvrage: *Critique de la Raison Scientifique*, 1995). Ce dernier point montre aussi l'absurdité de toute tentative d'explication du monde, d'en construire un modèle fini, de le quantifier en terme d'espace ou de temps ou des deux, de lui attribuer un début, une fin ou encore une finalité. Autant de délires de la pensée qui ne nous conduisent à rien d'autre qu'à l'autodestruction, comme si nous étions encore sous la domination de la toute puissance infantile et de sa pensée magique. Cette *immanence logique et épistémique*, que je nomme *immanence radicale*, sur laquelle se fonde cette nouvelle éthique permet enfin de sortir de ces paradoxes...

Le dernier texte de ce livre, l'invention *du savoir*, écrit en 1980 et jamais publié, à pour but de proposer comment nous avons inventé le savoir, c'est-à-dire l'idée puis la pratique sociale qui repose sur la séparation de la pensée (ce que l'on nomme l'esprit) et du corps, de la connaissance et de la vie, puis progressivement de leur antagonisme qui nous a conduit jusqu'ici, jusqu'à l'impasse actuelle, la production de métastases généralisée. Je le livre dans son jus, comme on dit, de l'époque. Car c'est par là que j'ai commencé pour tenter de saisir notre sociopathologie fondamentale.

V. Pratique de la logique immanente

Sommes-nous seuls dans la Nature?

Exemple de raisonnement de logique immanente: j'ai proposé il y a déjà plus de vingt ans de repenser ce que l'on entend par gravitation. Ainsi, les planètes tournent autour du soleil non pas pour obéir à la loi de Newton mais plutôt au principe évolutionnaire de la génération. Celui-ci conduit à penser que tous les êtres vivants ont un ancêtre commun. Mais ce principe nous conduit beaucoup plus loin que Darwin pouvait le croire. Il peut s'appliquer à tous les "êtres" c'est-à-dire à tout ce qui est dans la nature infinie. Et cela nous amène à considérer la nature comme un champ génétique indéfini. Qu'est-ce à dire? Nous autres êtres humains sommes issus des formes (je dirais plutôt, conformément au point de vue exposé ici, *informotions*) les plus primitives et nous avons inclus au cours de l'évolution de transformations successives de ces informotions dans les cellules de notre organisme. Et pour persévérer dans notre existence (comme dirait Spinoza) nous nous nourrissons des informotions qui nous sont apparemment extérieures mais que nous consommons pour renouveler notre organisme. Nous sommes tributaires de tout ce qui nous précède dans le processus évolutionnaire. Depuis l'oxygène, l'eau, les minéraux, jusqu'aux plantes et aux animaux de nous consommons. Nous passons donc notre temps à graviter autour de tout ce dont nous sommes issus pour le consommer et renouveler la vie. Eh bien, de ce point de vue, il en va de même pour les planètes avec le soleil. Les planètes gravitent autour du soleil car elles sont toutes issues du Soleil et peuvent donc avoir n'importe quels forme, mouvement et contenu (voir l'axiomatique) et dépendent de lui comme nous dépendons de lui et des autres êtres vivants. Graviter signifie donc *être issu de* mais aussi dans le même mouvement *être inclus dans* (le système solaire, ici). Il en va de même pour la Lune qui *est issue* de la Terre et *qui est incluse* dans son système gravitationnel en tant que satellite.

Ainsi, pour résoudre la question que certains se posent si la vie existe en dehors de la Terre il faut raisonner logiquement, causalement et en termes de processus. L'ordre générique des planètes est l'ordre inverse de leur distance du Soleil. Mercure est la dernière création du Soleil, la terre est l'avant avant-dernière. La vie ou ce que nous nommons telle est bien présente sur la Terre et la question que nous nous posons habituellement est: quelles sont les conditions pour que la vie soit présente? La réponse logique est la suivante: que la terre soit là où elle est (non pas spatialement ni temporellement mais génétiquement), et cela n'est possible que si toutes les planètes sont là où elles sont dans l'ordre actuel et dans leur ordre d'apparition; mais aussi que le Soleil soit là où il est dans l'ordre galactique et ainsi de suite. La vie n'existe donc qu'ici. Seule la raison mécanisée (qui ne pense que quantitativement et à l'aide de la théorie des nombres) peut envisager des milliards de Terres identiques, l'homogénéité de l'espace et du temps, une origine de la nature et ainsi de suite. C'est une pathologie semblable à ceux qui recherchent des sosies. La nature ne fait jamais deux fois la même chose. Et comme nous sommes de la nature nous aussi, nous ne faisons pas davantage deux fois la même chose malgré notre obsession compulsive actuelle. La logique de l'immanence implique donc qu'il n'y a pas davantage deux atomes identiques, deux particules identiques, qu'il y a deux individus identiques. Mais la raison mécanique transcendantale n'a pas seulement inventé l'identité de l'univers, de l'énergie de l'électron, et ainsi de suite, mais a aussi inventé l'identité qui pourrit la vie sociale humaine alors que nous ne constatons que des processus de différenciations et d'identifications. L'identité est l'autre nom de l'enfer ou de la folie.

Le sous-sol de la Lune

Il s'ensuit de précédemment, qu'il serait plus utile d'aller explorer le sous-sol de la Lune avant toute autre chose. La Lune étant issue de la Terre il est fort probable qu'elle renferme dans son sous-sol des ressources analogues à celles que nous avons sur notre planète. Mais encore faudrait-il que nos astrophysiciens changent d'avis concernant les lois de Newton.

A propos d'histoire

L'Histoire avec un grand H est toujours l'histoire officielle, c'est-à-dire une certaine histoire destinée à orienter notre pensée, notre raison explicative. Les historiens non officiels ont longtemps cherché la vérité historique; ce qui se serait réellement passé. Mais en fait, pour ainsi dire, ils ne peuvent se mettre d'accord. La raison en est simple. L'histoire repose sur des faits qui ne disent rien, les choses ne disent rien de précis. Nous devons toujours en proposer une interprétation. Mais l'interprétation n'est jamais finie. Elle dépend de l'époque, de celui qui l'interprète et des projets en cours. Et chaque interprétation nouvelle de l'histoire n'est pas plus un pas vers la vérité historique que chaque découverte scientifique ne nous rapproche de l'identité entre la raison et le reste du monde. Cette conception de la vérité n'est rien d'autre qu'une superstition obsessionnelle, dans le meilleur des cas, et dans le pire, une injonction du plus fort. Chaque usage de la raison, ici encore, est une implication de l'homme qui en use dans le monde des humains. Et chaque "fait" historique ne peut se concevoir autrement que comme un jugement éthique et c'est sur l'éthique de celui qui parle que nous devons porter d'abord notre faculté de jugement. Et l'éthique c'est la valeur humaine nécessaire pour persévérer dans notre existence en tant qu'individu et espèce dans le même mouvement puisque nous sommes à la fois issus de l'espèce et inclus dans l'espèce. L'éthique en ce sens ne peut reposer que sur une conception universelle de l'être humain, de ses droits égaux, partout et toujours; une conception déhiérarchisée. Cela est notre projet.

Vivre immanencément...

... c'est considérer que...

— Tout ce qui existe est nature

— Ce que nous nommons Univers ou Nature n'est ni un ni plusieurs, il n'est pas une entité mais un processus infini dans tous les sens du terme, nous ne pouvons pas davantage le considérer comme un objet d'étude que nous pouvons voir la vision, goûter le goût ou penser la pensée, même si certains pensent le contraire, mais c'est justement pour cette raison qu'ils ne fabriquent que des paradoxes ou des artefacts. Spinoza et Wittgenstein l'avaient déjà très bien dit à leur manière.

— La nature n'a ni commencement ni fin.

— La notion de nature n'implique aucune notion d'univers en tant qu'entité quantitative (masse, énergie, espace, temps).

— La nature n'a aucune finalité (et donc notre existence non plus); Ni finalité, ni sens ou raison; chercher un sens à notre vie n'a pas de sens, la joie de vivre suffit amplement.

— La nature est constituée d'une indéfinité de formes en mouvement.

— La nature est indéfiniment diverse.

— La nature n'est ni substance, ni *res extensa* ni *res cogitans*, c'est un processus générique évolutionnaire.

— La nature n'obéit à aucune loi; l'idée de loi implique nécessairement une transcendance.

— Chaque forme se meut et chaque mouvement (motion) est celui d'une forme; je propose d'appeler ce processus général, informotion. Cette notion permet de résoudre le dualisme cartésien res extensa et res cogitans et de renouveler l'immanence de Spinoza. Le dualisme cartésien est à l'origine de l'invention du principe d'inertie qui sépare la forme du mouvement dans les sciences de la nature; mais aussi le corps de l'esprit en médecine et dans les sciences humaines et introduit dans l'université une césure et une limite (borderline) entre les "scientifiques" (qui s'occupent des formes sans esprit) et les "littéraires" (qui s'occupent de l'esprit sans forme).

Cette séparation n'a jamais été vraiment pensée et perdure aujourd'hui plus que jamais où l'on continue à sélectionner les enfants sur la base de la mécanisation de la raison. Elle est aussi une séparation entre les mathématiques et la logique. Les mathématiques reposant sur la théorie des nombres et la logique sur le raisonnement analogique, autrement dit la comparaison. La raison mathématique se considère comme l'explication du monde et le haut-lieu de la Vérité[22]. Tandis que la comparaison ou l'analogie est l'outil fondamental de la raison raisonnante, libre et expérimentale. La raison mathématique est absolue, alors que la raison analogique est relative.

Sans comparaison ou analogie pas de pensée évolutionnaire, pas d'histoire, pas de processus, seulement des entités closes et éternelles; pas de possibilités de reconnaître l'autre, le différent, la parenté lointaine, l'ancêtre dont nous sommes issus qui est inclus en nous. Lamarck et Darwin ont enfoncé la première brèche dans la raison mécanisée mais cette dernière a fini par reprendre la main avec la génétique moderne

---

[22] Je considère bien sûr que les mathématiques n'expliquent rien mais qu'ils sont utiles et essentiels pour la conception des objets finis, autrement ils ne sont que des jeux issus de la théorie des nombres et n'ont pas davantage à voir avec une explication de la nature que la gamme tempérée est une explication de la musique.

montrant que l'évolution résulte d'erreurs de codage et que si tout se passait bien la nature vivante ne ferait que du même[23].

— Aucune forme ne peut se mouvoir sans se modifier (au contraire du principe d'inertie, principe cardinal de la science depuis Galilée, Descartes et Newton).

— Aucun mouvement ne peut garder la même forme (il n'existe donc ni mouvement inertiel ni forme inerte). Rappelons que l'émancipation de la physique de tout référent inertiel (galiléen) était le but de la relativité générale. Einstein doit se retourner dans sa tombe lorsque les physiciens

---

[23] Nous sommes donc tous, selon les généticiens néo-darwiniens, des erreurs de codage. Ce qui revient à dire qu'une erreur de codage à découvert l'erreur de codage. Nous acceptons cette idiotie autoréférentielle ou paradoxale répétée à foison dans nos manuels de biologie moléculaire. Il y a aussi ces chercheurs en quête de la vie éternelle. La mort ne serait donc plus une fatalité. Mais la mort n'a jamais été une "fatalité", un mal. La mort n'est que la fin d'une vie qui a procréé ou non d'autres vies. Ce que nommons vie est une suite de générations et non uniquement la durée d'un individu d'une espèce. Ainsi, nous voyons des professeurs de médecine écrire des livres expliquant que la mort d'une cellule est programmée mais qu'il existe des cellules qui ne meurent jamais. Et de prendre comme exemple de vie éternelle des cellules.... cancéreuses mis en culture. Si donc nous parvenions à déprogrammer la mort des cellules nous pourrions prolonger la vie indéfiniment. L'erreur logique se trouve bien sûr dans le fait qu'un organisme est composé d'organes différents qui ont tous un type de cellules spécifiques. Et que le cancer loin de lancer l'éternité des cellules de l'organe cancéreux augure la fin de l'organisme par celle de la disparition progressive de la nécessaire synergie de tous ses organes. Au surplus, cette soi-disant vie éternelle ne peut exister qu'en se nourrissant d'autres cellules qui elles sont mortelles. Voilà où nous conduit notre mode de penser en termes d'entités closes et éternelles (les séquences de nucléotides) au lieu de processus.

d'aujourd'hui en sont encore dans tous leurs calculs à appliquer le principe d'inertie, sans parler du temps, qui ne peuvent s'appliquer que dans la relativité spéciale (ou restreinte).

— La raison humaine est un mouvement interne partiel du corps.

— Les émotions sont des mouvements internes de l'ensemble du corps qui souvent submergent la raison par leur intensité.

— Tout ce que nous pensons, réalisons, inventons, créons est nature.

— La nature n'est ni ob-jet ni pro-jet ni sub-jet pour nous; nous sommes nature.

— La joie de vivre c'est ressentir dans la même émotion que nous sommes à la fois issus-de-et-inclus-dans la nature.

– Chaque pensée exprimée (parlée ou écrite) est une expression de soi-même et une implication de soi dans le monde, qu'elle se présente comme une explication sophistiquée ou une simple discussion. Cela s'applique, bien sûr, à ce que vous êtes en train de lire.

– Nous devons apprendre à distinguer ce qui dépend de nous et ce qui n'en dépend pas mais, avant cela, il nous faut réaliser ce qui nous inclut et ce dont nous sommes issus en même temps que ce que nous incluons.

– Nous nous croyons libres mais notre liberté ne se situe pas là où nous la croyons être. Nous n'avons pas décidé de naître, nous ne décidons pas du fonctionnement de nos organes, nous ne connaissons pas la durée de notre existence, nous ne décidons pas des prochains mots que nous allons prononcer. Mais nous pouvons décider de changer certaines choses en nous, d'apprendre ceci ou cela, de ne plus accorder d'importance à telle ou telle chose.

– La liberté consiste avant tout à acquérir au cours de notre socialisation une certaine aisance pour faire notre place dans le monde humain. Nous somme d'autant plus libre d'agir que nous avons appris à domestiquer nos sentiments, nos passions et nos actions, nos émotions et nos désirs.

– Notre seule liberté se situe dans un certain usage de notre raison mais non pas dans notre raison elle-même que nous n'avons pas décidé d'avoir. Le problème avec la raison c'est qu'elle n'est pas seule; les sentiments, les passions (au sens propre de souffrance qui arrête l'action), les dogmes et les croyances sont souvent ses maîtres. Les animaux n'ont pas ce problème, je crois, sauf les animaux domestiqués qui sont tellement humanisés que nous pouvons les voir sombrer parfois dans la mélancolie.

– La nature ne fait jamais deux fois la même chose, pas même deux particules élémentaires, alors comment comprendre que notre civilisation (qui est aussi nature que le reste) semble échapper à cette évidence? (évidence évidemment non partagée par les mathématiciens, les économistes, les banquiers et tout ceux qui jouent et/ou accumulent du numéraire). Parce que nous avons oublié l'art pour le remplacer par l'industrie. "Nous avons inventé l'art pour ne pas mourir de la vérité" écrivait Nietzsche, or l'art ou l'œuvre ne peut être qu'unique, et tout ce qui est unique ne peut être dogmatique, mais nous avons inventé la reproduction du même, on dit même quelquefois reproduction au lieu de procréation en parlant de vie. Certains fous furieux imaginent même supprimer la mort qui pour eux n'est qu'un accident non nécessaire. On oublie ainsi que nous sommes chacun d'entre nous une œuvre d'art, unique et irremplaçable et qui n'arrivera qu'une fois dans toute l'histoire du monde. Mais l'industrie, au contraire de l'art, détruit toute vie et tout plaisir de vivre. Pour elle, comme pour la science actuelle tout ce qui n'est pas reproductible n'existe pas; la reproduction c'est son impératif catégorique, car c'est ce qui permet l'accumulation.

– Chaque dogme, chaque certitude constitue une cristallisation de la pensée et donc son arrêt. Il s'agit de la plus grande servitude de l'homme car toute certitude ou vérité ne permet plus à celui qui l'adopte d'exprimer la nécessaire créativité pour continuer à vivre. Toute personne qui croit en quelque chose a perdu ce qu'il doit faire en permanence pour poursuivre son existence, l'effort de réévaluer sa propre pensée. Car il ne s'agit de découvrir la vérité du monde mais de participer à ses changements.

L'immanence comme épistémothérapie

– La raison humaine n'explique pas ce dont elle est issue, ce qui l'inclut et ce qu'elle inclut (c'est mon différent avec Spinoza); elle explique les actions humaines déjà construites pour engager notre apprentissage et contribue à notre implication naturelle dans le monde humain.

– La raison ne peut connaître (ou savoir) pour des raisons logiques (comme la nature est infinité on ne voit pas comment elle aurait pu produire un phénomène destiné à la connaître elle-même) ce dont elle est issue/inclus. La raison connaît ce qu'elle sait faire c'est-à-dire des transformations locales et donc naturelles de la nature. Mais elle ne peut expliquer ni le pourquoi ni le comment de l'existence des choses (la nature); en croyant le faire elle s'imagine dans une position transcendante, démiurgique, mais elle ne fait que poursuivre la transformation naturelle du monde humain et de son environnement local sans s'en rendre compte.

– Le découpage épistémologique, sa hiérarchie et son réductionnisme sont la cause directe des impasses que nous avons créées. On a découpé le monde en rondelles de plus en plus fines et on pense que la plus fine devrait nous donner la clé de l'ensemble. En tant que nature nous-mêmes, nous sommes devenus aussi monstrueux que les dinosaures et aussi voraces que les vers à farine. Heureusement qu'il y a eu Bach, Mozart, le Jazz, etc., des ingénieurs (au sens générique du terme) pour inventer les bons objets, ceux qui nous réjouissent et ceux qui nous sont utiles, des médecins qui ont osé braver les interdits et les tabous, et tous les bricoleurs de génie qui ont enjolivé la vie au cours des siècles.

– Ce que nous avons nommé et continuons de nommer savoir ou connaissance repose donc sur la confusion entre savoir et savoir-faire. Il ne peut y avoir que du savoir-faire. Savoir les mathématiques c'est savoir faire des mathématiques, savoir la physique, la médecine, etc. de même. La confusion entretenue par les philosophes depuis toujours et repris par la science qui en est issue est qu'il existerait un savoir à propos de la nature, de l'univers, de l'origine de tout, du monde, de la vie, de la conscience. Mais ils ne se sont jamais demandé ce que cette raison-là, celle qui aurait le don du savoir sur les choses (ce que Descartes appelait la *res cogitans*) vient faire dans la nature? Ou plutôt ils se sont bien posés la question mais non en gardant la raison vivante, humaine et créatrice mais en reprenant les vieux mythes religieux d'un créateur. Et donc pour eux, la raison ne fait pas partie de la nature, elle est un attribut du Dieu d'Abraham ou des divinités éternelles comme les nombres et les idées de Platon. Tout bon mathématicien croit absolument que les nombres permettent d'atteindre la vérité des choses. Et tout philosophe croit la même chose concernant ses concepts qu'ils considèrent comme des idées éternelles. Voilà les principaux symptômes sociopathologiques de notre civilisation morbide!

Morbide transcendance

— Misère de la physique[24] – le monde est constitué de particules élémentaires éternelles et fixes depuis le "*Big*

[24] Aujourd'hui, en 2015, je n'hésiterais plus à qualifier la mécanique quantique de superstition mathématique, inventée, avec les relations d'incertitudes, par ce plus ou moins nazi Heisenberg. Cela relève d'un usage narcissique et idolâtre des mathématiques appliquées. Le succès de cette supercherie n'est venu qu'après la découverte expérimentale et pragmatique de la réaction nucléaire qui donna la bombe atomique. Je renvoie à ce sujet le lecteur à mon ouvrage, *Critique de la Raison Scientifique*, L'Harmattan, 1995). A l'époque je cherchais à convaincre mes amis physiciens et il se trouve que certains, à ce moment, accueillaient le propos avec intérêt, car tous savaient que la physique moderne était entrée dans une impasse logique insurmontable. Depuis, ils

Bang" (ou plus précisément depuis la "*Barrière de Planck*"; alors pourquoi plusieurs sortes de particules et comment de ces objets fixes (ces briques) a-t-il pu sortir le mouvement et le changement, sans parler de leur apparition ou "émergence"; mais, the last but not the least, comment et pourquoi diable ces particules inertes auraient engendré leur propre théorie? A moins de penser, ce que certains n'hésitent pas à faire, que les particules élémentaires contenaient déjà l'énoncé de leur propre théorie.

— Misère de la biologie – l'évolution (tout comme les maladies) n'est qu'une suite d'erreurs de codage. Nous sommes donc tous des malades du code génétique qui aurait fini par inventer le gène de la découverte du gène.

— Misère de la psychiatrie – La psychiatrie est la branche pauvre de la médecine, alors qu'elle pourrait être sa branche la plus féconde si elle ne s'était pas rendue avec armes et bagages aux compagnies pharmaceutiques qui produisent les psychotropes, vendant ainsi son âme, si je puis dire, en prenant pour acquis que les souffrances humaines sont principalement dues à des déréglages de robinets, qu'elle

---

sont rentrés dans le rang pour ne pas nuire à leur carrière. Je comprends ça. La physique et avec elle maintenant la biologie dite génétique sont devenues des puissances bureaucratiques avec leurs grands prêtres qui règnent sur les dogmes et leurs délégués aux ordres qui sont leurs porte-paroles patentés ou non dans les media. Car l'important est désormais de parler scientifique car de là vient la lumière de la Vérité en marche et du bonheur, tant espéré, à venir. Combien de temps encore allons-nous supporter cela? Et quand l'activité scientifique redeviendra l'art de vivre qu'elle aurait toujours dû rester?

nomme pompeusement neurotransmetteurs, dans notre cerveau.

— Misère de l'économie (politique) – le marché est la main de Dieu (la transcendance divine) transformant dans sa grande miséricorde la cupidité de quelques uns en bonheur pour tous.

— Misère de l'écologie – Les principaux changements de l'"environnement" sont constitués par l'apparition des formes vivantes, les algues bleues ou cyanobactéries qui produisirent l'oxygène et donc, l'atmosphère, puis par l'apparition et les transformations successives des espèces elles-mêmes, qui sont donc autant le produit de l'environnement qu'elles produisent à leur tour en le transformant. L'"environnement" ne change donc pas au gré de sa fantaisie et au hasard, comme dans la version néo-darwinienne de l'évolution, et les espèces ne peuvent donc pas constituer une adaptation progressive à un "environnement" tout-puissant puisque, précisément, l'apparition des espèces expriment les principaux changements successifs de l'"environnement". Il n'y a donc nullement un environnement avec ses niches écologiques qui attendrait patiemment que des espèces s'y logent en s'y adaptant. Mais la vulgate écologique et le néo-darwinisme considèrent encore les êtres humains d'un côté et la nature de l'autre. Comme dans nos mythes religieux antiques, la nature est un don dont nous devons user selon notre bon plaisir ou selon notre raison. Mais c'est ne rien comprendre à ce que nous sommes. Nous ne sommes ni dans la nature ni en dehors, nous sommes DE la nature au même titre que les autres êtres vivants et, n'en déplaise aux croyants rationalistes ou religieux, rien de plus, rien de moins. Il ne s'agit donc pas de préserver la nature, comme si nous en étions les maîtres, mais de nous donner les moyens de devenir un peu plus intelligents que des verres à farine dans un bocal si nous ne voulons pas mourir étouffés par notre compulsive voracité.

— Misère de la transcendance – Les hommes de l'esprit séparé (religieux, philosophes, politiques, journalistes, etc.), veulent encore nous faire croire que la transcendance est le seul garant contre la barbarie; qu'il vaut mieux projeter hors de nous notre désir de toute-puissance, dans un père éternel, et nourrir une permanente culpabilité d'y être désobéissant plutôt que de nous entretuer librement. Tel est encore le monde dans lequel nous vivons. Ainsi, les religions de la transcendance reviendraient en force, après une parenthèse d'athéisme que les gens n'acceptent plus. Est-ce vraiment si simple? Mais ce qu'ils appellent athéisme ou "matérialisme" reposait aussi sur une transcendance: la Vérité ou sa quête. Et ainsi, nous passons non pas de la transcendance à l'immanence vécue, mais nous ne faisons que changer de transcendance et donc de manière de nous entretuer au nom de la Vérité.

L'art de vivre l'immanence

L'immanence nous convie à construire notre vie sans placer l'homme au-dessus de tout (l'humanisme de la Renaissance nous en vivons aujourd'hui les conséquences: l'homme est le maître absolu de tout ce qui l'entoure). Il ne s'agit pas d'écologie mal pensée mais de reconnaître que nous sommes nature, que nous ne sommes pas davantage libres que les animaux, les plantes et tout le reste de la nature. Les seules questions qui se posent sont: comment poursuivre notre vie?

Quels efforts devons-nous faire pour vivre joyeusement tous ensemble? En sommes-nous capable?

La folie numérique

"Il était une fois deux hommes qui se rencontrèrent à la chasse. Le premier avait pris un loup au piège. L'autre, avec son arc, avait tué un caribou. Ils s'en venaient, chacun portant son butin sur son épaule:

Le premier dit: "tu as, toi, une magnifique peau de loup."

Le second dit: "Tu as là une magnifique peau de caribou."

Ils se mirent alors à parler des peaux, de leurs poils, etc....

"— C'est le caribou qui a le plus de poils. — Non, c'est le loup."

La discussion s'échauffa et les deux hommes s'assirent à terre et chacun commencèrent à arracher les poils de sa peau pour les compter.

Mais nous savons bien tous que loup et le caribou ont une quantité formidable de poils. Aussi des journées passèrent-elles et les deux hommes en étaient toujours à compter les poils arrachés un à un.

"— Je crois que le caribou en a le plus, disait l'un."

"— C'est le loup qui en a le plus, affirmait l'autre."

Ils étaient tous deux également tenaces et comme aucun ne voulait céder, ils finirent par mourir de faim l'un et l'autre."

Conte Inuit, (cité par Rasmussen in Du Groenland au Pacifique)

(Mathématique, entités platoniciennes), clone, identité, stases et métastases ou l'impossibilité de concevoir les différences autrement qu'en hiérarchisant, c'est-à-dire en les réduisant à une série numérique.

Le temps et la durée

Bergson et Einstein partageait l'idée de l'illusion du temps. Bergson nous invitait à ne pas confondre le temps avec la durée. La durée c'est le processus de notre vie, nous sommes, chacun d'entre nous, dans une certaine durée. Cette durée n'est ni une quantité, ni une qualité. C'est notre vie et nous n'en avons qu'une. Nous la vivons à chaque moment, dans l'irréversibilité et l'imprévisibilité. En fait, nous sommes ce processus même que nous appelons notre vie. Et nous ignorons sa durée et cela est bien. Nous pouvons dès lors vivre cet élan en développant notre créativité et en nous réjouissant. Mais si nous la concevons comme une certaine quantité de temps, nous ne la voyons plus comme un processus indéfini de créativité, de plaisirs, de joies, de tristesses, d'essais et d'erreurs, d'apprentissages et ainsi de suite, mais comme une condamnation, une mort programmée. Cela peut nous rendre fou, délirant ou nous paralyser de toute action. Le temps ne peut être pensé ainsi que comme une accumulation de nombres identiques, de numéraires. Et on se demande alors, combien ai-je gagné d'argent, de pouvoir, de gloire, au lieu de se dire: comment vais-je m'y prendre pour vivre une bonne vie? Ou encore: quel genre d'être humain voudrais-je devenir?

Le temps numérisé se compte, accumule et détruit toute vie vécue. Dans l'Ecclésiaste on lit "Il est un temps pour tout..."; mais à cette époque, il n'y avait pas encore d'horloge, on devrait plutôt traduire; "Il y a un moment pour tout...", c'est-à-dire, quelque chose de ressenti, de joyeux ou de triste, mais vécu ensemble intensément. L'horloge qui inventera le temps linéaire compté a été inventée par les moines au Moyen-âge qui ne supportaient pas que les heures aient des durées différentes en été et en hiver car les prières devaient être dites à heures régulières. De fait, le temps linéaire et régulièrement cyclique augurait la fin des moments vécus pour devenir une répétition, un rythme immuable. C'est ce temps-là dont s'empara très vite le monde des affaires, du numéraire accumulé, du capital, et la science nouvelle qui se prit d'une compulsion à quantifier tout azimut. L'essor des mathématiques, ce degré zéro de l'intelligence et de la vie, permit qu'elles devinrent son zélé serviteur. Les maîtres du temps inauguraient une ère de nouveaux maîtres. Chacun qui est encore vivant n'a pas manqué de le remarquer: là ou l'on compte, le plaisir s'efface pour faire place à l'angoisse.

En physique, la fameuse flèche du temps[25] dont parlait Bernard d'Espagnat ne fait que marquer l'abandon de la

---

[25] Dans tous les processus observés, nous constatons des rythmes, mais il ne peut y avoir d'ensemble qui serait la somme de tous les rythmes et qu'on appellerait le TEMPS. Le temps linéaire suppose nécessairement un

relativité générale d'Einstein. L'idée fondamentale d'Einstein était d'émanciper la physique de tout système inertiel, de tout référentiel galiléen qui pose un point fixe quelque part. Mais la physique moderne est restée, quoiqu'elle en dise, archimédienne, cartésienne et newtonienne et continue d'entretenir l'illusion temporelle qui nous fait régresser, comme le disait Einstein, à la physique d'Aristote. Ce dernier pensait en effet que l'univers avait un centre spatial originaire; le Big Bang n'est qu'un avatar spatio-temporel de la même idée antique. Ce temps arrange tout le monde, car c'est le temps des affaires, du progrès (de la progression de l'accumulation mais de la régression de la vie vécue), de l'espoir et donc des religions et des promesses politiques. Et tout cela sonne le glas de la durée vécue, la durée est immanente, le temps est transcendant. La durée c'est la vie vécue, le temps c'est la mort programmée. La durée n'implique pas qu'il y ait un commencement et une fin. La durée d'une chose ou d'un événement est un moment d'un processus infini. Toute pensée du temps implique nécessairement la transcendance divine et cartésienne de la pensée.

Ce que nous appelons encore temps est une certaine quantité de mouvements de la terre autour du soleil que l'on considère comme un rythme immuable depuis la nuit des temps, si je puis dire. Or rien ne nous dit que le jour a toujours eu la même durée par rapport à ce qu'on entend par durée du jour aujourd'hui. Ou autrement dit que la terre a toujours tourné à

---

commencement et même une fin; il n'est qu'un avatar de notre croyance en la transcendance associée à une série numérique issue de la théorie des nombres.

la même vitesse (aussi bien sur elle-même qu'autour du soleil). Au contraire, il y a toutes les chances de penser que ce rythme circadien n'a pas cesser de changer au cours du processus évolutionnaire de la vie (cf. *Tractatus*, p. 62) – et donc de celui de la galaxie dans laquelle le système solaire se trouve (cf. *Le Promeneur d'Einstein*). Par conséquent lorsque l'on parle de milliards d'années, rien ne dit que ces années désignent des durées constantes. Mais nous savons que la physique actuelle n'est possible qu'avec l'application du principe d'inertie et de toutes les constantes qui en ont été déduites.

Le concept de temps linéaire et numérisé, n'est pas le "temps" cyclique et rythmique des sociétés non numérisés. Ce dernier n'est pas mortifère dans son principe d'accumulation. Fonder la vie humaine sur les rythmes naturels empêche même de concevoir l'accumulation et le développement quantitatif halluciné dont on se sait quoi, cette voracité boulimique pathologique jusqu'à en perdre la raison. Sommes-nous donc vraiment perdus! La réponse est: Oui! Si nous continuons ainsi.

La vision scientifique actuelle (majoritaire) du monde

Le monde commence à partir de rien. Subitement, rien devient quelque chose (comment? Mystère!). Ce quelque chose s'appelle Big Bang ou la Grande Singularité (sic). De rien émerge donc toutes les particules fondamentales puis les atomes qui sont désormais éternels. Cette fable, formalisée par ce qu'il est coutume d'appeler le "Modèle Standard", n'est rien d'autre qu'une sécularisation de la création divine reformulée à l'aide de la théorie des nombres: les premiers objets de pensée éternels, immuables et reproductibles qui ont progressivement mécanisés toute notre pensée. Il s'agit de l'entreprise mystique la plus puissante que nous ayons inventée dès lors que nous l'appliquons à autre chose qu'au calcul des objets que nous produisons pour vivre en commun. L'usage explicatif des mathématiques est donc l'allié principal des dogmes et croyances religieuses et l'asservissement de la pensée. On ne pense qu'à l'aide d'entités closes et éternelles (inertes) au lieu de penser à l'aide de processus (la vie, la durée).

Comment juge-t-on un être humain? Encore un effort pour saisir la démocratisation en cours

Lorsque Margaret Thatcher est morte, la plupart des commentateurs rendirent hommage à sa force de détermination, de décision et de caractère et même à son insensibilité. Mais tous les tyrans du siècle derniers remplissaient toutes ces qualités. Malgré un vernis démocratique, les élites ou celles qui se prétendent telles, cultivent toujours le culte du personnage dominateur qui ne respecte rien et qui est sans état d'âme. On peut même critiquer sa politique mais on admire le personnage. Sauf les mineurs Gallois et du nord de l'Angleterre, bien entendu! La personne qui s'est soumise à la religion libérale conservatrice théorisée par Ann Rand, prônant la réduction de l'État au minimum de la gestion des choses (non pas, on s'en doute, pour appliquer le programme communiste de Marx – remplacer le gouvernement des hommes par l'administration des choses – mais pour supprimer toutes les entraves aux capitalistes) et au maximum du profit individuel coûte que coûte et qui conduit le monde au chaos, nous est quand même présenté comme un grand chef d'État alors que nos valeurs démocratiques devraient nous la présenter comme une criminelle. Cela m'a conduit à penser aux personnes qui rendent régulièrement hommage à Céline pour ses talents d'écrivain. C'est comme si on rendait hommage a Hitler pour ses talents de peintre, d'orateur ou d'organisateur. Eh bien! Nous avons encore beaucoup de chemin à faire avant d'avoir saisi ce que signifie le processus de démocratisation.

Codicille au testament communiste

L'histoire des êtres humains, je veux dire ici les histoires que nous nous racontons pour endormir les enfants le soir, celles que nous nous racontons et qui ne sont que des rêves tout éveillés et celles que l'on nous raconte pour justifier toutes nos servitudes pourraient se résumer à ceci: chantages. Dans chantage, il y a aussi chant et âge. Parce que c'est un chant qui dure longtemps et que l'on répète. Le principal refrain de ce chant est: les choses s'améliorent, nous progressons, et pour que cela dure, il faut continuer d'espérer.

Bien entendu, si les choses s'améliorent il n'y a aucune raison d'espérer. Il suffit de vivre l'amélioration. Mais pour qu'il y ait de l'espoir, il faut entretenir le mal. Et les marchands d'espoir veillent au grain, si je puis dire. La chasse aux pessimistes et aux mélancoliques de tous poils est lancée. Le mot d'ordre reste celui des années 90: "be positive!" La dépression est interdite, elle devient maintenant une maladie officielle qu'il faut traiter par des médicaments dont chaque prescripteur sérieux sait qu'ils ne servent à rien d'autres qu'à nourrir notre culpabilisation de ne plus espérer. On traite les enfants turbulents, vivants, espiègles, insoumis, créatifs, curieux, insoumis, par des drogues, le méthylphénidate (Ritaline, Concerta ou Quazym), surnommé la "drogue de l'obéissance" ou "kiddie coke", la coke des gosses, pour qu'ils rentrent dans les rangs des obéissants et des soumis. C'est la punition absolue.

Les fondations des civilisations humaines reposent donc bien sur l'exploitation des hommes par d'autres hommes. Au XIXe siècle certains ont cru que nous pourrions créer, avec un peu de détermination, une civilisation d'êtres humains libres, débarrassée de tout ce qui a conduit à l'oppression depuis l'invention de la civilisation: D'abord la domestication des plantes avec l'agriculture, des animaux avec l'élevage, puis celle des hommes avec l'État, l'armée, la religion, la marchandise, l'argent.

Mais ce ne fut qu'un rêve d'abord, et un cauchemar ensuite. La civilisation a réussi en quelques 5000 ans à détruire ce qui avait duré pendant environ 50 000 voire 500 000 ans, si toutefois ces dates ont une quelconque signification dans le processus de formation de l'homme moderne: la liberté d'être soi dans le monde et d'être du monde. L'idée cependant est encore là. Mais ce n'est pas cette idée-là qui fait le monde. Les hommes des idées, ceux qui se nommaient les hommes de l'esprit, ne rêvent que de remplacer une oppression par une autre. C'est ce qui nous est arrivé et qui nous arrive encore.

Aujourd'hui, notre civilisation avec sa religion mondialisée que l'on nomme désormais Science/Technique/Économie (au choix) ont pour fondement deux principes de mort, le Nombre (de la théorie des nombres avec son associé le Temps) et le principe d'Inertie. Est-il encore possible d'y renoncer si nous voulons poursuivre notre existence? La question n'est même plus de retrouver la liberté perdue, mais de continuer d'exister. Mais, franchement, cela en vaut-il encore la peine? Parce que cela ne se fera pas sans peine.

L'histoire de la civilisation loin donc de se résumer à une lutte des classes dont la fin serait programmée par la dernière classe exploitée, se présente plutôt comme une incessante lutte de pouvoir et de puissance, une quête morbide et mortifère de la toute-puissance; guerres, massacres, exterminations, soumissions, exploitations, en un mot servitudes et passions, ne peut que monter aux extrêmes jusqu'à l'autodestruction de l'espèce. Comme le disait Lévi-Strauss, nous ne sommes pas plus intelligents que des vers à farine dans un bocal qui finissent asphyxiés par leur propre voracité. Mais notre espèce n'est pas née maudite. Elle l'est devenue. Certains gardent le rêve d'une vie meilleure, et contribuent toujours, sans toujours le vouloir, à la poursuite du pouvoir. Tandis que la vie vécue, non rêvée, ne fait qu'empirer.

VI. L'invention du savoir

Essai sur un mythe âgé déjà de 25 siècles

AVERTISSEMENTS (1995-2013)

1. Le texte qui suit fut le début d'un long travail de recherche sur une question fondamentale: que vient faire la pensée (ou encore la "raison", la "conscience") humaine dans la nature? Il s'agit donc aussi bien ici d'épistémologie, d'anthropologie que de médecine sous la forme: existe-t-il des formes saines et pathologiques de la pensée? Après tout la pensée et le langage sont des expressions et des productions organiques – c'est bien un corps qui parle[26] – et l'usage que nous en faisons mérite autant d'attentions et de questionnements que la manière dont nous prenons soin du reste de notre corps.

La pensée ou ce que Descartes appelait la *res cogitans*, la chose pensante, qu'il considérait comme un attribut de la divinité dont seul l'homme dans la nature était porteur, est-elle destinée à dire au reste de la nature ce qu'il en est d'elle-même[27]? Ou, autrement dit, comment diantre la nature aurait-elle pu engendrer un phénomène destiné à l'expliquer? Cette autoréférence de toute pensée qui se prétend explicative est

---

[26] Je ne retiendrais pas ici l'hypothèse du psychisme qui n'est jamais qu'une manière de parler (pour paraphraser Freud). Bien sûr, le psychisme n'existe pas davantage que l'âme, les dieux et les fantômes, mais cette manière commode de parler d'une expression organique qui n'est associé à aucun organe en particulier (à moins d'entendre le système nerveux dans son ensemble et pas seulement dans notre boite crânienne) est aujourd'hui non seulement obsolète mais dangereuse et inopérante à plus d'un titre. Je me réserve de développer ce point dans un autre endroit.

[27] Je rappelle ici, pour ceux qui commenceraient leur lecture avec ce texte que ce point a été largement abordé dans le cours du texte précédent et dans mes ouvrages antérieurs cités.

pourtant le fondement de notre science en même temps que de toutes nos croyances. Croire c'est toujours projeter la toute-puissance infantile que l'on a perdu en grandissant mais à laquelle nous n'avons pas encore ou pas voulu renoncer. C'est le symptôme fondamental du narcissisme[28] socialisé, de l'origine de toute idolâtrie et de toute religion: je crois, donc

---

[28] Je voudrais m'arrêter un instant sur ce que nous nommons narcissisme. C'est un mot tellement employé que là encore je ne peux pas m'empêcher de penser à Albert Camus. Je voudrais revenir sur le problème du narcissisme pathologique, concept/processus considéré comme un des piliers de la psychanalyse mais aussi de la psychiatrie. Narcisse tombe amoureux de son image. Il ne tombe pas amoureux de lui-même. Il regarde les flots et il voit quelqu'un qui le regarde avec admiration, ce qui le transporte. Il ne sait pas que son image c'est lui-même en train de se mirer car il n'est pas conscient de l'existence de son corps; son image lui apparaît comme celle d'un autre. Il ne ressent pas la vie en lui et il pense que c'est seulement le regard de quelqu'un d'autre qui lui permet de penser qu'il existe. **Et il ne fait que le penser, il ne le ressent pas**. C'est pourquoi il essaie toujours de plaire, à tout prix. Car pour lui, l'idée même de déplaire, c'est l'anéantissement au sens propre; à ce moment, il ressent le vide absolu, comme un trou noir. Narcisse ne s'aime pas, il aime être aimé; il lui est donc impossible d'aimer les autres; même ceux qui l'aiment. C'est pourquoi il ne peut pas regarder le miroir et se dire: c'est moi! Je suis content d'être moi et heureux de vivre ma vie. Cela est la condition pour aimer un autre que soi et d'accepter l'amour que cet autre peut nous porter. On sait que l'on est content d'être soi – Montaigne disait, "habiter son propre corps" – lorsqu'on accepte l'amour de quelqu'un d'autre et surtout de ceux et/ou de celles qui vous aime. Mais aussi lorsqu'on accepte que l'autre puisse changer d'avis, sans être soi-même anéanti. Narcisse cherche à avoir une haute opinion de lui-même ou rien du tout. Il veut que tout le monde l'admire, sans exception. Il ne peut donc être qu'insatisfait et oscille entre le rire hystérique et la dépression anaclitique. Le souverain bien, comme on disait il y a longtemps, ou la santé, consiste à avoir une opinion *suffisamment* bonne de soi-même pour faire sa place avec aisance dans le monde humain avec comme compagne fidèle la joie de vivre.

j'adore ma pensée. Puis, je fais en sorte que ma pensée soit la seule possible donc la seule vraie ou, si je n'y parviens pas, je partage une croyance déjà là avec d'autres et, ce faisant, cette pensée devient mienne et je redeviens puissant.

Ainsi cette recherche me conduisit à penser que ce que nous appelons savoir (connaissance ou information) est la manière, d'abord née en Grèce puis généralisée à l'espèce jusqu'à aujourd'hui, dont nous poursuivons notre évolution. Mais cette quête du savoir ne se présente jamais ainsi; les expliquants ou les savants ne changent que d'explications ou de savoirs, mais pas de "nature". Pour eux, leur pensée (ou ce que certains nomment encore âme) est transcendantale, seuls leurs corps sont immanents. Signifiant par là que l'expliquant reste identique à lui-même au cours de sa quête explicative sans parler de ce qui est expliqué qui ne peut être qu'une entité stable et jamais un processus par nature imprévisible dont il fait partie. D'où les concepts transcendantaux, d'ex-plication et d'ob-jectivité. Mais aujourd'hui, nous ne pouvons plus continuer sur cette voie car l'évidence est devant nous.

D'où la première question corollaire: qu'est-ce qu'une pensée saine? Et la seconde: sommes-nous condamnés à vivre avec l'autoréférence narcissique qui semble nous conduire à l'autodestruction? Il s'agit peut-être d'une mauvaise question, c'est-à-dire une de ces questions qui n'auront jamais de réponse. Mais peut-être serons-nous capable de renoncer à croire et à espérer – ce qui nous libérerait, et ce n'est pas peu, de tous les marchands de rêves et d'espoir – pour nous impliquer, chacun d'entre nous, dans la transformation du monde humain.

2. Depuis l'écriture de ce texte, nous avons changé de civilisation. Le numérique s'est imposé partout. Le monde du numéraire numérisé est devenu global et se barbarise localement avec ses esclaves modernes qui travaillent pour que les pauvres des pays riches puissent continuer à accroître les revenus des riches de tous les pays; le capitalisme c'est toujours faire payer les pauvres pour enrichir les riches. C'est comme ça! Les pauvres étant de plus en plus nombreux, on produit des objets pas chers qui ne durent pas, fabriqués par les plus pauvres pour les un peu moins pauvres afin qu'ils en rachètent souvent. Ainsi le numéraire s'impose partout comme un jeu de dupes généralisé sur les écrans plats de leurs nuits blanches.

Dans mes ouvrages précédemment, j'avais insisté sur la manière dont les fondateurs de la science en construction avait décidé de nous penser et de penser ce qui n'est pas nous. On divisa tout d'abord le monde en deux. Le monde sublunaire où régnait l'imperfection, l'instabilité, les changements, l'insensé et le mal et le monde extra-lunaire où régnait la permanence, la régularité, le sublime, le divin. Cette division s'est progressivement transformée et, comme le disait Bateson: il y a dorénavant ceux qui s'occupent des billes qui s'entrechoquent et ceux qui s'occupent du vivant. Les premiers ont comme outils les sciences "exactes", "pures et dures", débarrassées des scories de la vie, et les mathématiques; les seconds ont comme outils les sciences "humaines", imparfaites, molles, sujettes à caution et n'ayant que des méthodes controversées.

En fait, nous sommes toujours, plus ou moins, dans la seconde période. Car on continue toujours de considérer les mathématiques comme le lieu de la perfection explicative et de l'intelligence, c'est pourquoi, depuis le début du siècle dernier, les sciences humaines n'ont eu de cesse de rechercher et d'envier les galons de la science vraie et patentée. Une activité a réussi à percer le plafond de verre de la physique, ce fut, au cours de ces trente dernières années environ, la biologie moléculaire et la génétique. On avait enfin nos particules élémentaires dans ces sciences encore humaines: les séquences de nucléotides de l'ADN chromosomique. Les prédictions ne se firent pas attendre, et je les entends encore prononcées par des chercheurs nouvellement promus: "Dans dix ou vingt ans ont aura éradiqué toutes les maladies!". Et encore bien d'autres prophéties. Après trente ans, aucune maladie n'a été soignée avec une transformation génétique au sens propre du terme. Mais la police judicaire, elle, a gagné des techniques d'empreintes toutes neuves. Aujourd'hui, les épigones des mêmes, nous promettent une quasi éternité en déclarant que la mort n'est pas inéluctable pour les organismes vivants, il suffit de la déprogrammer génétiquement. Et à chaque fois, ça marche, on y croit, on espère. Ainsi, nous avons laissé fonder toute notre vie à des gens qui ne s'intéressent qu'à des choses qu'ils considèrent inertes (sans vie), éternelles, où pire, dans le cas de la théorie génétique, qui pensent que nous sommes tous des erreurs de programme. Sauf bien sûr ceux qui le disent car on ne comprendrait pas bien comment des erreurs de programme auraient pu se rendre compte qu'ils en sont. A moins qu'ils soient en possession du gène de la découverte du gène de l'erreur de programme. On ne serait plus à une délirante autoréférence près. Rappelons que la théorie néo-darwinienne repose sur l'idée que l'évolution est le résultat d'accident aléatoire de la reproduction, c'est-à-dire d'une erreur de programme ou d'une mutation intempestive et qu'autrement, si tout se passait bien, comme le disait Jacques Monod: "A quoi rêve une bactérie, à faire une autre bactérie identique". La vie serait donc la reproduction éternelle du même. Autrement dit, la vraie vie, c'est une cellule cancéreuse métastatique. Faire du même, en quantité infinie! De l'éternité, de l'identique, de l'identité, des métastases, des clones, d'autres moi, de la monnaie, du cancer généralisé. Nous sommes en train d'en mourir. Tous.

Notre civilisation ne pense donc plus qu'à l'aide de concepts clos, nombres éternels (maintenant réduits à 0 et 1), particules élémentaires et gènes. Numéraires et numériques. Mais il ne s'agit pas seulement prendre acte de ce qui est devenu proprement morbide et même mortifère. Il va bien nous falloir inventer une manière de penser où la vie, le changement, l'instable, la forme et le mouvement ne soient plus envisagés comme des entités closes mais comme des processus indéterminés, non prédictibles, non reproductibles, irréversibles, comme le sont nos vies à tous et nos civilisations. Bref! De reconnaître que nous nous sommes trompés de voie depuis 5 siècles. Ce n'est pas long cinq siècles. Nous existons en tant qu'espèce depuis… mais ça n'a aucune importance. Et de le faire avant qu'il ne soit trop tard. Nous devons assumer vraiment notre responsabilité d'êtres humains et nous avons le droit de nous être trompés. Il est temps de reconnaître que toute notre "science", tout notre "savoir" — j'espère qu'on aura noté que je ne parle pas bien sûr, ici, de notre savoir-faire, de notre ingéniosité, qui est présent dans nos inventions et notre capacité créatrice artistique, technologique et autres et qui se moque bien de la

Connaissance tant qu'elle se consacre à la construction immanente du monde humain et non à ses lubies transcendantales — repose sur des mythes qui datent de l'antiquité. Un autre exemple me vient encore. Un des canons de la méthode scientifique expérimentale est la preuve. Une proposition théorique est validée que si elle est reproductible expérimentalement. Elle doit pouvoir aussi être invalidable. Le top, si je puis dire, d'une proposition scientifique est la prévisibilité. Voyons donc! Or, nous l'avons vu, aucun des fondements de nos sciences ne répondent à ces critères de la preuve. En outre, j'existe mais je ne peux pas le prouver scientifiquement, car je ne suis pas reproductible. Je ne peux pas non plus être démontré inexistant. Je ne peux même pas prévoir les prochains mots que je vais prononcer sans entrer dans la folie. Cette méthode ne s'applique donc pas aux vivants, même si certains en rêvent. Nous ne nous reproduisons pas, nous pro-créons. Ces mythes nous empêchent donc de nous poser les extraordinaires problèmes que nous rencontrons alors que nous serons bientôt 7 milliards. Renonçons à la pensée mécanisée, au principe d'inertie, aux concepts clos, aux entités éternelles et reconnaissons qu'il n'y a pas même deux "particules élémentaires" identiques dans la nature. Apprenons, si cela est encore possible, à construire un monde humain enfin réconcilié avec ce dont il est issu, qui le contient et qu'il contient en parties sélectionnées au cours de l'évolution, dans chacune de nos cellules au plus profond de nos corps.

Nous avons créé une société cancérogène généralisée. La reproduction ou la production du même est la définition même du cancer organique. Dans un organisme lorsqu'un organe s'échappe de la nécessaire synergie des organes qui fonde son existence et commence à se reproduire lui-même, il fait ce que l'on nomme des métastases. Si nous prenons l'exemple du foie métastasé, ce dernier ne participe alors plus au métabolisme mais transforme ce qu'il reçoit du reste de l'organisme en cellules de foie; le foie fait du foie. Il se nourrit de l'organisme et pense sans doute, si je puis dire, qu'il est devenu éternel. Jusqu'à ce qu'il en meure. Eh bien, notre civilisation est devenue un cancer pour la vie sur notre planète; nous transformons tout ce dont nous sommes issus en nous-mêmes et pour nous-mêmes. Ainsi, le cancer civilisationnel, si je puis dire, repose sur le même principe logique que le cancer organique mais nous ne le voyons pas. La mécanisation du monde humain a ainsi engendré le règne de l'homme séparé de la vie et donc, à terme, de sa vie, de notre vie. Les êtres humains ne se sentent plus organiquement naturels mais séparés du reste de la nature vivante. La civilisation humaine, désormais globalisée, ne fonctionne plus que pour elle-même. On appelait ça l'humanisme; l'homme au-dessus de tout, mais pas n'importe quel homme[29]. Nous somme devenus le nouveau cancer de la Terre, après les dinosaures. Mais nous voyons pourtant, ici ou là, des initiatives, des résistances à notre civilisation métastatique qui montrent que tout n'est peut-être pas perdu.

[29] N'oublions pas quand même qu'Érasme n'hésitait pas à dénoncer les hérétiques à l'Inquisition.

PRÉAMBULE

Cette interrogation sur notre savoir et, partant, sur notre civilisation depuis le "miracle grec", a été rendue possible par la redécouverte de ce qui, justement, présida à ce miracle; cela s'appelle aujourd'hui théorie de l'information, cela s'appelait, il y a quelque vingt-cinq siècles: l'*Arété*.

Toutes deux répondent à la même question: Qu'est-ce que se mettre d'accord? Comment atteindre la Vérité? disait Socrate dans les rues d'Athènes; comment supprimer le bruit dans la transmission du message? disait Wiener. Supprimer le désaccord venant de l'opinion, pour le philosophe; effacer le brouillage qui pourrait altérer le message pour le cybernéticien. Dans les deux cas, il s'agit de s'assurer d'un ordre incontestable, d'un sens qui réunisse les interlocuteurs de telle manière que l'évidence leur impose silence. C'est alors la Vérité qui parle, ce n'est plus ni Socrate ni Ménon, c'est le message qui se transmet quels que soient les interlocuteurs.

La cybernétique est donc bien, à la lettre, une révolution, un retour à l'origine, au Ménon par exemple, lui-même retour à Pythagore, lui-même retour au mythe unitaire. En ce Ve siècle avant J.C., l'aurore de la science s'appelle philosophie. Mais son vrai nom, depuis Pythagore, est mathématique. Le miracle grec, il faut bien l'appeler par son nom tant il était improbable – au sens de la théorie moderne ("les phénomènes les plus improbables, lorsqu'ils existent, se reproduisent" J. Monod; ex: La vie, la culture, le langage, la science, le monde) – était et reste l'invention de la mathématique, de la pure idéalité du nombre et de la forme. Idéalité par laquelle une science devient possible sur la base d'un mode de connaissance entièrement nouveau par tout ce qu'il exclut. D'ailleurs, ses mots mêmes, en son aurore, le disent: pro-blema, ob-jectum. Deux langues, un seul mot, jeté devant, exclu de l'ordre. Le tiers-exclu, c'est le désordre, le bruit. Il n'y a pas de principe plus moderne que celui qui ordonne l'exclusion de ce tiers et ce, depuis vingt-cinq siècles. Le tiers-exclu: une chose est ou n'est pas (1-0), le bruit exclu: le signal passe ou ne passe pas; le bit (1-0).

Ce dont il s'agit, c'est bien l'institution d'un ordre: ordre dans la polis, ordre dans la physis. Un ordre par lequel, et par delà les sophistes de l'agora, les hommes de la cité puissent enfin s'entendent; c'est-à-dire, reconnaître ensemble une vérité incontestable que nulle émotion ne puisse venir troubler. Cet ordre, on le sait, c'est l'idéalité suprême: le nombre.

Le miracle grec, c'est celui qui creuse le passage vers l'adhésion immédiate au vrai. Volonté de vérité, volonté d'ordre, le nombre est cette "chose" miraculeuse qui n'est ni ici ni ailleurs, qui est à la fois partout et nulle part et sûrement pas dans ses occurrences graphiques ou vocales puisqu'aucunes d'entre elles, de par le bruit qu'elles font, n'en disent l'invariance et l'éternité. Le nombre est incontestable et pourtant IL N'EXISTE PAS. Les anciens Hébreux avaient eux aussi, de leur côté, inventé une telle "chose" mais ce n'était ni un nombre, ni un nom, YHWH; leur dieu commun qui leur aurait permis de s'entendre pour sortir d'Égypte. Et, plus tard, ces deux inventions finiront par fusionner.

Tel est le départ de la Vérité, de cette volonté d'ordre qui ne peut commencer qu'à la condition de se fermer les yeux et de se boucher les oreilles au chant et à la beauté des sirènes, qu'en excluant de la cité, comme le voulait Platon, ceux qui parlent des sens, des émotions, du désordre: les poètes. Cependant, on le sait aussi, Thêma et Poiésis sont en lutte permanente, nécessaire; elles sont les deux composantes de la vie, celles-là mêmes que la thermodynamique, en ses deux principes principaux, nous a enseignée, après Héraclite: Ordre et Désordre, Néguentropie et Entropie.

La culture, la cité, la science, ne sont donc que sur cette île, ordre local, et dont l'existence est tout bonnement insensée et qui pourtant, dans sa lutte acharnée contre la marée entropique, ne cesse de recréer le sens, sa vie même.

"Qu'on ne nous parle plus des Lois de la Nature s'écriait Brillouin, car de Lois, d'états ordonnés et présumés ordinaires que la physique croyait voir, il ne reste que des lois d'exception, des îlots de clarté dans le Léthé. Ce que nous avons appelé le "réel" s'est finalement révélé n'être que cette insula, hautement improbable et insensée tandis que l'autre "réel", mer de perdition et de déperdition, du désordre et du bruit a été ignoré. Ou plutôt, c'est bien parce que nous l'avions d'abord reconnu comme le maître suprême – Socrate le savait bien pour l'avoir appelé son "daemon" – que nous avons voulu, dans le mouvement même qui présida à cette reconnaissance, le conjurer pour toujours.

Cette invention miraculeuse de la mathématique, nous le savons aujourd'hui, n'était donc qu'une invention de plus, un détour, une *mêtis* destinée à conjurer le désordre dans la cité, en ce siècle, troublée. La mathématique est une république idéale où le "nous" ne forme plus qu'un "je". C'est quatorze siècles plus tard, et après plus d'un siècle d'avanies où la population tomba de moitié, siècle pendant lequel on eut le temps de méditer sur la mort et le désordre du monde, que fut réintroduit, miraculeusement du reste, grâce aux turcs, la mathématique des Grecs. Espoir prodigieux, enthousiasme fou: le monde c'est l'ordre, les anciens nous le disent. Non! Ce siècle de malheur, cette peste noire, n'était pas due à nos péchés. Ce n'était qu'un accident, il nous faut désormais travailler pour découvrir les Lois de ce monde et, ce faisant, instituer le bonheur, conjurer la mort, pour toujours. Cette époque fut appelée: Renaissance. On sait ce qu'il en advint. Exploitation, destruction, esclavage, inquisition.

La société, notre société, dit-on, est fragile. Beaucoup plus fragile, par sa complexité, que les improbabilités nommées: ADN, cristal, molécule. Les improbabilités que nous avons imaginées pour y concevoir et réguler l'ordre en son sein s'appellent: lois, territoire, drapeau, culture, science, Dieu. Toutes les unes après les autres, sont tombées dans la mer. La seule qui ait encore résisté à l'érosion entropique, c'est le nombre. Encore lui. Dieu lui-même, en concurrence directe avec lui puisque, lui aussi, Invariant suprême, a fini par se dissoudre dans les images que nous en avons fait. La loi mosaïque était pourtant bien stricte sur ce point. Mais le nombre, lui, ne peut se dissoudre dans aucune représentation. Tel est le miracle que les Grecs nous ont légué. Mais si *Mathêma* règne, *Poiésis* aussi, la cité est toujours à reconstruire. Les poètes l'ont toujours dit.

RÉSUMÉ

Cette étude pourrait aussi s'intituler Anthropologie du savoir occidental. En effet, s'il est monnaie courante dans notre société d'examiner attentivement les mythes et les croyances des autres sociétés, il est plus rare de s'interroger sur les nôtres et sur leurs fondements, c'est-à-dire sur ce qui a contribué a faire de notre société cette société-ci et non une autre.

Ainsi, l'épistémologie ne s'interroge qu'exceptionnellement sur les fondements de notre savoir, du simple fait qu'elle part des présupposés qui présidèrent a la constitution du mode de connaissance occidental. Et quand elle le fait, ce n'est jamais avec l'intention de remettre en cause ses présupposés, ni même de reconnaître ses présupposés comme des présupposés.

Nous avons donc prétendu nous affranchir des anciens mythes et nous libérer des vieux totems mais le mouvement même qui présida cette prétention introduisit de nouveaux mythes et érigea de nouveaux totems.

Si la science "primitive" peuplait le cosmos de personnages puissants, comment devrions-nous nommer les dieux impersonnels de la science moderne, dieux tout aussi puissants et invisibles que les dieux anciens? N'ont-ils pas noms: Causalité, Force, Déterminisme, Énergie, Principes, Lois.

Comment sommes-nous passés d'une conception animée de la nature à une conception légale, aveugle et silencieuse? Il nous faudra donc aller interroger les anciens grecs ceux-là mêmes qui fondèrent la mère de la science moderne: la philosophie.

"L'homme moderne traîne derrière lui la masse énorme et indigeste des pierres à bâtir du savoir, borborygmes de pierres qui grondent, trahissant l'étrange contraste entre son être intime auquel rien ne correspond, et son être extérieur auquel rien d'intérieur ne correspond, contradiction que n'ont pas connue les peuples anciens. Le savoir massivement accepté, sans faim, à contrecœur même, cesse d'agir comme un facteur de transformation extérieur, de formation, et reste caché dans ce monde intérieur chaotique. On dit alors qu'on possède le contenu mais qu'on manque de forme et c'est la une contradiction tout à fait insolite chez les êtres vivants. Si notre culture moderne manque de vie, c'est qu'elle ne se conçoit pas sans cette contradiction, c'est-à-dire qu'elle n'est pas une vraie culture mais en quelque sorte la connaissance de ce qu'est une culture."

Nietzsche

AVANT-PROPOS D'UN MODERNE OU CONSIDÉRATIONS SUR LA CULTURE INTÉRIEURE DES HOMMES D'EXTÉRIEUR BARBARE

Nous assistons depuis plusieurs années à une remise en cause globale de la science comme pratique occidentale du monde et conséquemment, comme mode de vie. Le désir de décloisonner les activités scientifiques émerge de toutes les branches du Savoir, et de nombreux essais de synthèse ont déjà été publiés. Il n'est pas utile ici de les énumérer; tous, semblent partir d'un même souci, celui-là même qui anime G. Gusdorf, par exemple, lorsqu'il écrit: "L'unité du savoir, jamais donnée, se propose comme une tâche à entreprendre. Comme une tâche impossible, peut-être et encourageante en tout cas. Mais cette tâche définit la plus haute exigence de la culture. Des lors, l'attitude du spécialiste, qu'il soit mathématicien ou botaniste, philologue ou historien, qui se replie jalousement sur l'étroit compartiment de sa compétence propre, doit être considérée comme une démission. Toute dissociation de la connaissance est une négation de la connaissance. Le devoir présent est de travailler à réunifier, à remembrer ce qu'un siècle d'analyse a démembré. Le présupposé de la spécialisation doit faire place au présupposé de la convergence.

Sciences et lettres, sciences de la nature et sciences de l'homme, qui semblaient vouées à des cheminements distincts, doivent prendre conscience, chacune pour sa part, qu'elles sont comme des parallèles qui, sans s'écarter de leur direction propre se recoupent à l'infini."[30]

Nul doute que la théorie de l'information développée par Shannon et Weaver au lendemain de la guerre a servi de catalyseur à cette réinterrogation générale sur notre savoir. Cette théorie postule en effet, notamment selon Brillouin, que "toute information se paie en néguentropie", ce qui signifie qu'une observation exhaustive nécessite une information infinie, laquelle requiert une énergie infinie, laquelle coûterait une néguentropie infini, ce qui entraînerait la dilapidation de tout l'univers[31]. Dès lors, la question se pose des limites infranchissables de la connaissance et nous oblige à nous interroger sur ce que nous savons.

Sociologiquement, le succès qu'a connu cette théorie est intéressant à plus d'un titre à l'époque, en effet, où l'information généralisée dans notre société sert davantage à l'atomisation des individus qu'à leur réelle communication.

En fait, l'information actuelle semble se développer en raison inverse de l'échange, à l'intérieur d'un système de langage unilatéral sans réponse souhaitée; l'air que nous respirons est d'autant plus bourré d'informations de toutes sortes, que véhiculent les faisceaux hertziens, que nous sommes davantage isolés, chacun devant nos récepteurs, de nos contemporains.

---

[30] G. Gusdorf, *De l'histoire des Sciences a l'histoire de la pensée*, Payot, p. 41

[31] Cité par Morin *La Méthode*, p. 355

Tel semble être le paradoxe du prodigieux développement de ce que nous appelons les télécommunications, depuis la fin de la dernière guerre. Et cette atomisation des individus n'est pas sans aller de pair avec celle des multiples branches du savoir, dont les ramures de l'hyperspécialisation poussent avec impétuosité quelles que soient les saisons.

Mais aujourd'hui. Le processus serait-il en train de se renverser? Ce qui est certain, c'est que le désir d'une nouvelle synthèse se fait sentir, on cherche une réinterprétation globale du monde, une nouvelle conception du monde humain.

Dans toutes les sciences, que ce soit en mathématique, en physique, en biologie, en linguistique, etc., on se pose le problème des fondements du savoir, au moment où aucun des maîtres-concepts qui avaient fait la gloire du XIXe siècle ne semble avoir été épargné par cette vague de fond.

En mathématique, le théorème de Gödel imposa une limite a la formalisation de l'arithmétique. Désormais, le discours clos de la logique, même symbolique, s'interrogeait sur lui-même et sur son heuristique, pour reprendre un mot de René Thom, nous savons construire des théorèmes formellement vrais mais sémantiquement insignifiants.

En physique bien sûr, le continuum quadridimensionnel de l'espace-temps de Minkowski sonnait le glas des catégories kantiennes, tandis que la mécanique quantique bouleversait le déterminisme laplacien et que la biologie moléculaire enfonçait un coin fatal dans les dogmes tranquilles du néo-darwinisme.

Mais ce n'est pas tout. Ce bouleversement risque aussi de dépoussiérer les bibliothèques des sciences humaines, puisqu'à en croire R. Thom, c'est à elles qu'il revient de construire cette fameuse mathématique qualitative où le flou, l'indéfini, le morphisme, le continu, gagneraient leurs lettres de noblesse.

En fait, il serait trop long ici, de faire la somme de tous les dogmes, considérés comme des promontoires assurés pour le progrès futur de la science au XIXe siècle, qui se sont tour a tour écroulés, sans compter ceux qui, péniblement élaborés au cours de ce siècle-ci sont chaque jour l'objet des polémiques les plus acharnées, tant en physique théorique qu'en anthropologie. Il n'est qu'en sociologie, où le retard se maintient, malgré quelques tentatives restées marginales.

Des nombreuses raisons qui militent certainement pour maintenir cet état de fait, j'en retiendrai une: l'existence, depuis maintenant quelque cent vingt ans, d'une doctrine qui est encore aujourd'hui la seule, en dehors des vieilles religions, à proposer une interprétation globale du monde, et qui a l'énorme avantage, par rapport à ces dernières de s'appuyer sur la "superstition scientifique" (Kierkegaard) des dogmes du XIXe siècle.

On a déjà fait remarquer combien le vocabulaire du matérialisme dialectique était emprunté à la thermodynamique de la machine à vapeur, force de travail rendement (plus-value), valeur-travail. Même les calculs sur la plus-value font penser au calcul du rendement d'un moteur thermique, dont Marx et Engels, on le sait, étaient de fervents admirateurs.

Cependant, que cela ne nous étonne pas, l'histoire ne se déroule pas suivant un cheminement rationnel, et pas davantage que le dogme de l'Immaculée Conception n'a été affecté par les travaux de l'embryologie, celui de la lutte des classes ne l'a été par les deux grandes boucheries du siècle, pendant lesquelles, on le sait, la fameuse "classe révolutionnaire" de chaque pays s'est entretuée, au mépris le plus éhonté des non moins fameuses "lois de l'Histoire".

Je ne m'attarderai donc pas ici à faire une critique de plus du matérialisme historique; ma conviction est faite depuis déjà un certain temps qu'on ne critique pas un acte de foi. Mais j'en relèverai, au fur et à mesure que cela se présentera, les principaux concepts qui en constituent la charpente et que j'utiliserai dans un sens différent; parmi ceux-ci, les concepts d'échange, d'usage, d'histoire et de production.

S'il faut en croire la thèse de T. Kuhn, et si je l'applique a la sociologie, nul doute que cette science apparaît comme l'une des plus conservatrices du siècle, et ceci malgré l'essor prodigieux des modes idéologiques des quinze dernières années et qui, de toute façon, se ressemblent tellement qu'elles ont toutes fini par fusionner dans la glorieuse idéologie de la critique de l'idéologie. Les autres sciences à côté d'elle font figure d'enfants terribles.

Ainsi, au début du siècle, la plupart des physiciens se sont jetés à corps perdu dans les équations relativistes, l'espace-temps quadridimensionnel et la mécanique quantique; en biologie, le darwinisme et les dogmes des mutations fortuites, de la sélection naturelle, des essais au hasard, et du renforcement perdaient du terrain au bénéfice des ouvertures de la génétique moléculaire qui introduit la possibilité qu'il existe une mémoire phylogénétique des expériences vitales qui seraient codées dans les chromosomes. En mathématique, la contestation de la manipulation logique depuis les travaux de Gödel, dont l'esprit est largement repris dans la théorie des catastrophes de René Thom, semble annoncer le beau dans la forme et dans la formalisation, ce qui n'est qu'un juste retour des choses par lequel on reconnaît enfin tout haut, et même en le revendiquant comme élément essentiel des mathématiques, ce que depuis des siècles on faisait sans se l'avouer; car ce n'était pas conforme à l'esprit des mathématiques qui pensait découvrir et exprimer les lois éternelles de la nature, en se parant du masque épais de l'impersonnalité du discours formel. En effet, Einstein par exemple, lorsqu'il discutait d'une théorie, ne disait jamais, pour exprimer son opinion sur la valeur de celle-ci qu'elle était juste ou fausse; il disait qu'elle était belle ou horrible. D'ailleurs, la volonté inébranlable qu'il manifesta sa vie durant pour unifier la théorie du champ part de cette considération: le beau est aussi le plus simple.

René Thom annonce maintenant de son côté les limites de la rigueur. Reprenant à son compte l'expression de Hilbert: "Tout ce qui est rigoureux est insignifiant!", il déclare avec emphase: "Il n'y a pas de définition rigoureuse de la rigueur"[32]. Ce fantastique mouvement plein de déclarations tonitruantes annoncerait-il la fin de la construction rationnelle du monde, ce "sépulcre des intuitions", suivant l'allusion de Nietzsche, réhabilitant le flou, l'incertain, le devenir? Ce

---

[32] *Les mathématiques modernes" une erreur pédagogique et philosophique?* In *Pourquoi la mathématique?* U.G.E. p. 66

mouvement est-il l'amorce d'un renouveau global de la pensée occidentale et de sa pratique du monde ou seulement l'expression passagère d'une vague de romantisme dans la pensée scientifique?

Pour ma part, il me semble que le séisme entamé a déjà trop fortement ébranlé la citadelle du rationalisme pour en espérer maintenant un colmatage des brèches. Les relations d'incertitudes de Heisenberg ont en effet eu raison de tous les modèles néopositivistes de la "*covering law*", dont le but était bel et bien de vouloir ramener toute explication du monde à une pure manipulation logique.

Mais l'entéléchie aristotélicienne persiste encore au sommet de la citadelle, dernier bastion à être atteint par les séismes, et où s'agitent encore les zélés partisans de la métaphysique matérialiste du XIXe siècle, se cramponnant désespérément à quelque parousie promise par les prophètes, et oscillant, au gré des secousses, de l'empirisme béat au structuro-fonctionnalisme, en passant par le matérialisme dialectique, chacun servant à son tour de tarte à la crème à l'autre.

C'est donc au moment même où les mathématiciens remettent en cause non seulement les abus, mais les fondements même de la pensée formalisée comme panacée de la connaissance du fait que c'est malgré tout leur domaine privilégié et qu'ils commencent à réaliser, aidés en cela par les travaux de la linguistique, que le langage pratique du mathématicien n'est jamais celui de ses équations puisqu'il est obligé, à chaque instant de ses calculs de donner un sens (un sens commun) à toutes ses propositions — sens qui n'a par ailleurs aucune application au sein de la formalisation —, que les sciences humaines, agitant les gros drapeaux de la quantification statistique se couvrent du ridicule de vouloir rendre indiscutables des résultats toujours discutables.

C'est quand les sciences réputées "exactes', révèlent d'elles-mêmes, de l'intérieur, non pas leur inexactitude, ce qui voudrait dire qu'il y a quelque part l'exactitude, mais plutôt leurs limites et leur idiosyncrasie, insistant sur les excès du logicisme, que la sociologie, en tant que science instituée, tente désespérément de se donner les moyens accrus de la rigueur formelle. On assiste ainsi assez comiquement il faut bien le dire, à ce retournement de situation où les scientifiques des disciplines jusque là incontestées dans leurs principes fondamentaux se font d'autant plus discrets dans leurs incertitudes que les sociologues se découvrent une arrogance soudaine, chèrement entretenue d'ailleurs par la "mangeoire étatique", là où, pour reprendre une expression d'Aristote, "dans l'explication donnée, l'expliquant lui-même se passe d'explication".

On commence ainsi, de plus en plus, à consulter les experts en critique sociale dûment patentés par l'État dans toutes les questions d'intérêt général; que ce soit sur les ondes de Radio-Canada, dans les bureaux du ministère, ou à la tête de la Tricontinentale. Les organismes de pouvoir ont finalement mis fin a leur politique de "containment" vis a vis de la sociologie, y ayant décelé un de leurs plus sûr camérier. Certains d'entre eux, dont le prophète E. 0. Wilson, se voient déjà pousser les ailes papales de l'infaillibilité; celui-ci visiblement, ne veut pas se satisfaire d'un strapontin dans le théâtre du pouvoir, d'emblée il réclame le premier rang: "Tôt ou tard, dit-il, la science politique, le droit, l'économie, la psychologie, la psychiatrie et l'anthropologie, seront sans exception des branches de la sociobiologie[33]. Puis il poursuit en disant: "Les individus n'ont, en eux-mêmes, aucune importance, ils ne servent qu'à la reproduction des gènes". Le "Matérialisme scientifique" (Tiens! Tiens!), puisque tel est le nom du nouveau dieu, lui a révélé que la société n'est qu'un ensemble additif de comportements, et que ces comportements dépendent des gènes: gènes de la malveillance, gènes du conformisme, gènes de l'homosexualité, etc. Or moi, E. 0. Wilson, suis spécialiste des gènes donc je détiens la clé des problèmes sociaux. C.Q.F.D. Qu'on ne s'y trompe pas, Wilson a l'énorme mérite d'exprimer hautement et clairement ce que tous nos spécialistes en socio-quelque-chose ne manqueraient pas de dire si l'occasion se présentait.

La sociologie, en tant que science de tous les assujettissements, apparaît donc, pour tous les systèmes de pouvoir, la science, la science de l'avenir.

Heureusement, le vieil Hérodote est encore là pour nous rappeler "qu'avec le temps, toujours plus de possibles arrivent", que peut-être sommes-nous en train de vivre la fin de la modernité, et que peut-être aussi allons-nous cesser, d'en appeler des vœux de Bacon de torturer la nature pour lui faire avouer tous ses secrets. Comment ne pas penser alors, à "l'éternel retour" dont parlait Nietzsche, et à l'ironie gouailleuse de Kierkegaard susurrant: "... mais qui a jamais accompli de choses si merveilleuses et merveilleusement

[33] *La Recherche*, no 98

grandes que la plus récente philosophie et la plus récente époque"[34].

Mais alors, si nous ne croyons plus à notre savoir, si nous ne croyons plus ni à la démonstration, ni à la preuve, si toute preuve est application et "explication" d'une croyance ou d'un dogme, si toute intelligibilité, si tout ordre intelligible que nous voyons n'est d'abord que la croyance en l'intelligibilité du monde, de ce monde que nous avons construit, peut-être serait-il bon de nous interroger sur cette croyance et sur son origine. C'est ce que j'ai tenté de faire ici.

---

[34] Kierkegaard, *Miettes philosophiques*.

"Nous appellerons connaissance claire celle qui s'acquiert, non par une conviction issue du raisonnement, mais par le sentiment et la jouissance de la chose elle-même."

Spinoza

I – LE CHAMP ANTHROPO-SOCIAL

Je ne pars pas ici à la recherche de "l'homme universel" des structuralistes. Par conséquent, mon but n'est pas de définir le champ anthropo-social comme concept qui vaudrait partout et toujours puisque celui-ci étant sujet au devenir, là encore, vouloir le cerner serait vouloir s'extraire de ce qui précisément ne peut avoir de signification que parce que nous y sommes impliqués. Je pose que le champ anthropo-social est, pour reprendre un mot d'Adorno, le "non-lieu" des échanges multiples où se tisse le lien social. Chaque société tisse ce lien à sa manière, et la "valeur" de celui-ci ne peut être saisi de l'extérieur par le raisonnement mais seulement par le fait de contribuer au mode de vie qu'il institue, c'est-à-dire là où le mot "valeur" prend son sens. Beaucoup d'anthropologues ont compris cela depuis longtemps et ont ainsi mis le doigt non pas sur l'impossibilité qu'il y aurait à comprendre les sociétés différentes, mais bien plutôt sur le caractère ethnocentrique de toute prétention à expliquer les sociétés différentes à l'aide de va1eurs qui ne les concernent pas.

Les structuralistes voulurent tourner la difficulté non pas en niant l'évidence de la différence, mais en voulant dégager des concepts éternels de "derrière" les différences "apparentes". Ce qui est revenu en fait, à vouloir trouver ce qu'il y avait d'occidental dans les sociétés non-occidental; démontrant ainsi que leur véritable souci était de supprimer les différences "apparentes" afin d'occidentaliser au plus vite. C'est peut-être là que l'on peut saisir un mot de Nietzsche: "le monde de l'apparence est le seul vrai".

À cet égard, il ne fait pas de doute qu'aucune société ne peut en interpréter une autre autrement qu'à l'aide de ses propres valeurs. Mais il y a une différence, entre reconnaître ceci et penser, comme on l'a fait trop souvent, et comme on le fait encore, que nos valeurs, ne sont pas des valeurs, mais des vérités objectives universelles. Or, et cela fait partie de ce que je veux montrer ici, c'est que notre notion même de vérités objectives est précisément une des valeurs fondamentales de notre société, un de ses principaux mythes et qui ne vaut que pour elle, en autant qu'elle ne les a pas encore imposées aux autres.

Je me propose donc ici d'examiner nos mythes en détail; et si ceci s'avère possible c'est parce que nous vivons une époque où ceux-ci sont de plus en plus l'objet de contestation, c'est-à-dire parce qu'ils sont en train de cesser d'être des valeurs.

Mais, bien que je ne crois plus à ces mythes, je suis malgré tout obligé, en tant qu'occidental, de penser "occidentalement", si je puis dire, et donc de construire des concepts dont je sais que la seule valeur ne peut résulter que de leur croyance provisoire en eux.

Cette situation paradoxale est liée à tout changement dans la vision des choses. Ainsi, la physique repose, comme la totalité de notre savoir sur un certain nombre de croyances dont je reparlerai plus loin, et chaque changement dans ses dogmes, dans ses croyances ne peut être posé qu'à partir du mode de croyance précédent. Un nouveau mythe ne peut se créer, s'instituer, qu'en référence a l'ancien. Par exemple, tel est le paradoxe de la "reconnaissance" de la non-validité des catégories et des lois de la physique classique notamment dans le domaine de la physique subatomique; cette fameuse "reconnaissance" n'est en fait qu'une croyance nouvelle puisqu'elle est indémontrable, ou plutôt elle ne peut être démontrée qu'avec l'aide des instruments qui ont été précisément construits sur le modèle et selon les lois mêmes de la physique classique dont on veut démontrer la caducité, ce qui implique que les résultats issus de ces instruments ne sont pas adéquats pour être interprétés selon de nouvelles lois et de nouvelles catégories. Ce problème dans lequel se débat la physique depuis le début du siècle est le même que celui qui nous préoccupe ici: comment peut-on dire que ces mythes ne sont que des mythes en continuant à employer le langage qui les a construits? La réponse est dans la question: tout simplement en le disant.

Dans ce qui suit, je sacrifierai donc aux anciennes croyances mais provisoirement, et pour ainsi montrer leurs caractères de croyance. Ainsi, je tiens à assumer le caractère contradictoire de ce sur quoi j'ai voulu, précédemment, mettre l'accent. Cela tient de notre langage même et de ce que nous ne pouvons pas, comme les mathématiciens viennent de le découvrir récemment et malgré vingt-cinq siècles de philosophie, nous extraire du "sens commun", qui est bien entendu le seul, et dont je reparlerai plus loin.

Je vais donc introduire ici deux concepts, qui me permettront par la suite de montrer l'origine, la généalogie de la pensée conceptuelle, la nôtre, comme institution.

1. Le mode de signification

Le mode de signification procède du langage mais ne se réduit pas au langage bien que celui-ci soit le support de toute signification. Je montrerai d'ailleurs plus loin comment s'articule le rapport entre le langage et la signification. Le mode de signification institue le "sens" du champ anthropo-social de la société considérée, c'est-à-dire que celui-ci lui signifie ses valeurs, son monde, par le truchement d'un système de signes. C'est par ce système de signes que l'homme social va se constituer car c'est par ces signes qu'il va pouvoir signifier, donc, exprimer, ses désirs de socialité. Dans le même temps, le signe devient image de la socialité, le signe sera la présence de l'autre, des autres.

La signification, c'est donc l'existence de l'objet du désir — la socialité — sans sa présence. En fait, la signification est le seul moyen de rendre présent ce qui, somme toute, n'est jamais immédiat; la socialité n'est pas un "objet". Cependant, la signification est la présence de l'objet sans l'objet, elle est même création de cet objet par et dans le signe. Mais en même temps, elle inaugure le monde séparé des objets, le monde des significations, bien que ce monde séparé, on le verra, devra prendre toute sa force que bien plus "tard" et on verra quel caractère particulier il prendra pour notre société.

Mais ce monde n'est qu'une expression de nos désirs, c'est pourquoi on ne se satisfait jamais vraiment du langage, et que celui-ci nous laisse toujours un sentiment de frustration qui naît de l'"écart" entre le désir et son expression[35]. C'est aussi pourquoi le monde des significations se renouvelle continûment dans la quête impossible de l'union, de l'unité impossible du "sujet" et de l'"objet" convoité: en l'occurrence ici la communauté.

Le désir n'est donc jamais réductible a ses expressions, s'il l'était, le langage serait figé depuis longtemps dans cette adéquation, mais au contraire, celui-ci est comme le rêve, il n'est jamais très clair, et c'est précisément cette absence de "clarté", cette "épaisseur polysémique" qui le renouvelle.

Le monde des significations est cependant le seul. "Le monde apparent est le seul" dit Nietzsche, "le monde vrai n'est qu'un mensonge qu'on y rajoute"[36].

Il est le seul monde puisqu'il est ce par quoi le monde existe pour nous, puisque le monde est signification pour la communauté. Le monde ne peut devenir quelque chose pour l'homme que par la présence du signe "monde" par exemple. Nous ne pouvons pas, en dehors du mode de signification faire "signifier" quoi que ce soit; c'est seulement par la signification qu'existe le monde comme objet de désir séparé du sujet. En l'absence du signifiant monde, le monde existe quand même bel et bien, mais il n'existe pas pour nous, d'ailleurs on ne peut même pas dire qu'il existe[37].

---

[35] Je ne me perdrai pas ici a définir le mot "désir". Le désir ne peut s'expliquer, et vouloir le définir c'est immédiatement lui donner des limites qu'il n'a pas, une fin qui serait sa fin.

[36] Nietzsche, *Le crépuscule des Idoles.*

[37] J'anticipe un peu ici sur le processus que je me propose de montrer plus loin, par lequel s'effectue le passage, du moins pour notre société, qui fit

La signification n'est pas l'intermédiaire entre le sujet et l'objet puisque ceux-ci présupposent celle-là, elle est bien plutôt ce qui sépare les sujets bien qu'elle soit l'expression de leur quête de l'unité. C'est pourquoi la signification se retrouve impuissante devant le désir d'unité, et surtout devant le "désordre des sens", qui dépasse le dicible, le signifiant; le rapport amoureux, par exemple, se passe du langage, il n'est pas seulement désordre des sens mais aussi désordre du sens, de tous sens, puisqu'il restitue provisoirement l'unité du "sujet" et de l'"objet" dans le délire. Le rapport amoureux se suffit a lui-même car il est destruction de soi dans la fusion, dans la "petite mort", comme le poète l'a nommé, car la mort est la fin du désir en même temps que sa réalisation puisqu'elle restitue l'unité. Il en est de même, pour tout "déchaînement" (le mot lui-même est, a cet égard, suffisamment expressif) qui s'exprime dans le sacrifice, le meurtre rituel ou non, les guerres et les jeux qui sont aussi déchaînement des sens, jouissance de l'instant, et donc fondamentalement "asociaux", mais pourtant nécessaires à la communauté pour renouveler et maintenir non pas seulement sa cohésion puisqu'il ne peut y avoir de cohésion que dans la quête de celle-ci mais surtout pour la renouveler, pour renouveler l'instant afin de ne se pas perdre dans l'ennui de la durée.

---

du signe identifiant — car à l'"origine" on peut dire que le signe ne se différencie pas de l'individu qui le porte (parures, bijoux, scarifications, etc. — un signe séparant, dès lors qu'il cesse d'appartenir à un individu ou a un groupe parental ou tribal, pour devenir celui de la communauté toute entière, et qui peut dès lors s'objectiver dans sa médiation, mais non pas en tant que signe distinctif d'une communauté par rapport à une autre, mais bien en tant qu'expression de la communauté par rapport à elle- même.

J'en viens donc au mode de signification comme création d'un monde séparé de son objet. Mais sans ce monde, l'"objet" même ne pourrait être appréhendé par l'ensemble des "sujets" qui le désirent et qui le fondent. Ce monde, ainsi objectivé, se dresse ainsi en face de la communauté pour la rendre présente, non pour la re-présenter, mais bien pour la "présenter" puisque c'est son unique manière de paraître.

Chaque société crée dans son mode de signification, sa propre signification du monde, son propre monde. L'extrême richesse et diversité des sociétés humaines l'attestent suffisamment clairement, et je tiens toute autre manière de voir les choses comme une manifestation de notre sociocentrisme occidental. Je rejoins donc sans hésitation la thèse de B. L. Whorf selon laquelle les types linguistiques — que je considère comme autant de modes de signification — fondent les modes de pensée et de perception des communautés qui les créèrent. L'objection de la plupart des linguistes à sa thèse part me semble-t-il d'un présupposé réductionniste. La socialité ne se réduit pas a son mode de signification, car elle est aussi pratique d'un monde et organisation de ce monde et de cette pratique. La signification est toujours pour la communauté qui l'institue un système de référence qui ne peut valoir que pour elle et qui n'est pas réductible à un autre. C'est pourquoi je n'ai pas parlé ici de mode de communication.

Le langage est plus qu'un mode de communication surtout avec l'invention du signe et de l'écriture[38]. J'ai donc

[38] Dans notre civilisation, dont on situe le berceau sur les rives du Tigre et de l'Euphrate, dans les villes d'Akkad et de Sumer, des fouilles récentes ont découvertes ce qui est interprété comme ayant dû être les premiers

volontairement employé l'expression "mode de signification" pour bien marquer la différence entre l'homme et l'animal de ce point de vue. L'animal communique certes! Il possède les moyens innés pour le faire de même que l'homme possède d'autres moyens, également innés, pour communiquer, et qui sont ceux que devaient posséder les premiers hominiens. Mais l'animal ne signifie pas; le monde des signes n'existe pas pour lui. La communication des animaux est immédiate, elle et lui ne font qu'un. Celle des hommes est médiate, médiatisée par le signe et dans le signe il y a suppression de ses utilisateurs; le signe peut se dresser en face du "sujet" et rester seul souverain.

Telle me semble être la différence essentielle entre l'homme et l'animal. L'animal communique directement, l'homme socialisé ne peut communiquer que médiatement. La société n'a pu même se constituer qu'avec la médiation. Mais la médiation dans le signe n'est plus la communication directe, elle n'est plus que l'IMAGE de l'échange général, une image qui peut se dresser, souveraine, et qui fait de l'individu un homme séparé, car l'image devient aussi l'obstacle à l'échange, à la communication. C'est pourquoi l'angoisse, c'est pourquoi la quête impossible de l'unité perdue; c'est pourquoi le désir

---

signes. Ceux-ci seraient les marques inscrites sur la "monnaie" et qui seraient différentes suivant ceux qui la détenaient, un peu à la manière dont on marquait le bétail. Suivant l'interprétation proposée, l'extension de ces signes en se généralisant aurait conduit à l'écriture, ainsi vue comme extension de l'échange de biens. Cette interprétation me semble procéder du réductionnisme économique, car si l'écriture a bien pu servir comme moyen d'échange de biens, elle ne se réduit nullement à cela. Ce n'est pas parce qu'aujourd'hui le dollar est devenu l'écriture universelle que l'écriture et donc la signification se réduit à lui. Mais j'en reparlerai plus loin.

de se dépasser, c'est-à-dire de supprimer, de nier le signe. C'est pourquoi enfin, la communication "réelle" ne peut exister pour l'homme que dans la transgression du signe, dans son anéantissement, qui est pour lui comme un retour a l'animalité. Il est cependant à noter, autant qu'on puisse en juger, les sociétés sans écriture ignorent l'angoisse existentielle telle que nous la connaissons. N'ayant pas inventé la séparation, c'est-à-dire n'ayant pas "objectivé" la communauté par la signification, celle-ci n'a pas l'image qui l'extériorise, qui la signifie, elle est de ce fait toujours directement vécue. Mais c'est aussi par la transgression du signe, c'est-à-dire par le dépassement de sa pesanteur de chose, que naissent les arts, la poésie, la littérature, les sciences, qui sont l'expression individuelle de cette tentative, les sacrifices, les cultes, les meurtres collectifs, les spectacles, les fêtes en sont l'expression collective. J'ai distingué l'individuel du collectif, car dans le premier cas, c'est bien l'individu qui se perd lui-même, qui s'éloigne des choses, dans l'exercice de l'art, de la science, etc., alors que dans le deuxième cas, l'individu comme tel n'existe plus, il se fond et se perd dans la communauté, bien qu'aujourd'hui, on le verra, il en va différemment, surtout en ce qui concerne la science, mais aussi l'art bien que dans une moindre mesure.

Les rapports que les hommes entretiennent entre eux, ne sont pas, pour reprendre une formule du "matérialisme dialectique", "des rapports humains médiatisés par des choses"; ces rapports sont médiatisés par des signes, car c'est le signe qui crée la chose, la chose ne devient chose que lorsqu'elle est signifiée. Mais ici encore, nous ferons la distinction entre l'écriture et le langage non écrit. Les sociétés sans écriture n'ont pas de chose, car nommer simplement la "chose" n'est pas lui donner un statut de chose qui est séparé d'elle. Nommer l'"objet" c'est l'animer, c'est l'identifier, c'est-à-dire que son nom lui appartient en propre, il lui est identique, ce qui n'est pas le cas du signe, le signe s'extrait de la "chose" pour devenir chose à son tour, pour devenir chose a signifier les choses ainsi créées.

Ainsi, le même "objet" peut, à certain moment, être signifié par un signe et donc servir comme médiation, et à un autre moment ne plus être signifié donc tomber dans l'oubli. En revanche, un même signe peut signifier plusieurs choses, car le signe signifie toujours davantage que les choses qu'il désigne, il peut s'abstraire des choses pour devenir expression du désir d'échange; tel me semble être une des raisons du caractère métonymique du langage après l'invention de l'écriture.

En fait, la signification, le signe, apparaît comme le contraire de la chose. Le signe peut-être isolé comme la chose certes! Mais la chose ne vaut ce qu'elle vaut que dans le signe et le signe est avant tout l'expression d'un désir d'échange, d'unité. Or, ce désir n'est pas, lui, isolable, il n'est pas un "objet" puisqu'il est, avec le signe, ce par quoi l'"objet" désiré peut être isolé. C'est là, me semble-t-il, que réside toute la difficulté d'une science de la communication, et de toute tentative de formalisation du langage, de toute linguistique. Toute tentative d'objectiver le langage est vouée à l'utilisation de l'"objet" que l'on veut saisir, et celui-ci, dans cette utilisation ne peut être saisi dans le mouvement d'objectivation qui le présuppose. Il ne peut y avoir de méta-signification.

Il y a donc un hiatus entre le monde présenté (présentifié, si j'ose dire) dans la signification et le désir de ce monde. Cette aliénation doit cependant tendre à sa suppression. Mais cette suppression n'est possible que dans la négation du monde présent, dans son anéantissement, dans la mort, ou dans son renouvellement. Tel m'apparaît être le sens du sacrifice, y compris le sacrifice de soi qui tente de restituer l'unité, l'identité du désir et de son expression. Mais ce hiatus, cette aliénation, ne peut durer, elle ne peut être qu'explosion de courte durée; comme l'orgasme elle doit être éternellement différée pour être renouvelable car elle ne peut être atteinte que dans l'anéantissement, que dans la mort.

D'où je distingue deux moments de la signification: le moment qui institue la durée du monde et le moment qui la supprime. Cependant, bien que ces moments peuvent être distingués dans la vie sociale, comme le temps des fêtes et le temps de travail par exemple ou le temps sacré et le temps profane, il y a toujours une interrelation récursive entre les deux; même les temps de travail les plus intenses sont parsemés de moments de rêveries non moins intenses.

2. Le mode de reproduction

Le mode de signification signifie donc la communauté, il fonde donc les valeurs qui lui appartiennent en propre. Le mode de reproduction institue la pratique du monde ainsi signifié. Ce mode que j'introduis ici n'est, bien entendu, aucunement séparable du mode de signification, bien qu'il soit difficile de prétendre que l'un conditionne l'autre nécessairement. Si l'on pense en effet que la civilisation ne commence qu'avec la signification et notamment avec l'écriture, la signification elle-même ne peut aller sans l'action de signifier, qui est évidemment une question pratique.

Cependant, aucune communauté humaine n'est réductible a une quelconque forme de production de ses moyens de subsistances, comme le pensent encore tous les économistes. Le premier moyen de subsistance pour l'homme est la production et la reproduction de sa communauté elle-même; et cette production peut prendre des formes aussi bizarres qu'inattendues pour l'Occidental moyen qui s'attend toujours à retrouver partout et toujours l'embryon de ses propres valeurs.

Ainsi, je me demande bien comment le déterminisme économico-marxiste a la mode industrielle peut-il concevoir que deux Communautés que sépare un fleuve, en Amazonie, et qui vivent donc dans les mêmes conditions matérielles "données", ont des mythes et des modes le vie aussi différents que possible.

Aucune communauté ne se réduit a un "ensemble-de-conditions-matérielles-déterminantes", même pas "en-dernière-analyse"; il n'est que de rappeler le nombre et la qualité des sociétés qui ne possèdent même pas le "minimum vital" alimentaire par individu; ce qui n'empêche pas ces sociétés d'exister, de vivre, de se reproduire, mais surtout d'avoir leurs mythes, leurs rites, leurs cultes, et même leurs luxes. Contrairement donc aux allégations de toutes les formes de réductionnisme économique, il faut englober dans l'expression "moyens de subsistances", tout ce que la société produit comme valeurs pour elle et non pas retenir, comme seules valeurs, celles auxquelles l'économie moderne a décerné un brevet d'utilité, confondant intentionnellement, ou du moins d'une manière intéressée, valeur et utilité, en limitant bien sûr le sens d'utilité à ce qu'ils appellent: la production. Mais la première production est la production et la reproduction du groupe comme communauté spécifique.

Le mode de reproduction institue donc, pour une communauté particulière, la manière singulière d'agir sur son propre monde signifié.

Le mode de reproduction ne peut donc être séparable du mode de signification, les deux s'interpénètrent intimement. En effet, si le premier désigne la valeur des choses pour les membres de la communauté, et seulement pour eux – il dit ceci est ceci et cela est cela – en les signifiant pour eux, (car il ne faut perdre de vue que ce qui importe n'est jamais la chose mais son sens, c'est-à-dire sa valeur instituée), le deuxième procède du mode d'action sur la chose signifiée. J'insiste encore, car il s'agit ici d'un point qui me semble important, sur le fait que le signifié n'est jamais la chose isolée, isolable, séparable. La chose n'est chose qu'en tant qu'elle a une valeur sociale, c'est-à-dire qu'en tant qu'elle est donnée par son mode de signification à l'intérieur du groupe considéré. Il n'y a donc pas de chose-en-soi (on verra plus 1oin ce que signifie cette proposition), il n'y a que des choses pour nous.

Le signifié est donc toujours, au fond, la société comme univers humain spécifique. Si je dis "la chaise", "derrière" la chaise comme objet, il y a ce qu'il signifie dans la communauté et pour elle seule, il y a donc le sujet social. Dans un autre groupe, ni la chaise comme objet, ni a fortiori la chaise comme signe n'existe, elle ne signifie rien. Telle me semble être une des raisons, et peut- être la seule, des difficultés insurmontables de rencontres et de communications non seulement entre cultures différentes et parfois même voisines, mais aussi au sein d'une même communauté, si celle-ci est très complexe comme la nôtre par exemple, entre des individus ou entre des groupes qui se sont donnés des significations spécifiques. Pour prendre un exemple trivial, et combien quotidien, deux individus appartenant à des partis différents ne se comprennent pas, tous deux ont adopté un point de vue, un mode de signification restreint à ce point de vue qui les empêche de communiquer.

Le mode de reproduction, comme le mode de signification procède par deux moments, le moment de la durée et le moment de l'immédiat. Le premier institue le primat de l'avenir, les choses sont produites pour reproduire la communauté; dans le moment de cette production, la jouissance immédiate cède la place – bien qu'elle ne cesse jamais de se manifester – à la considération du futur. Le deuxième est la négation du premier en ce qu'il s'oppose à la durée par la négation de tout souci de l'avenir dans le primat de l'instant vécu. Ce moment peut être considéré comme l'équivalent pour l'individu de ses moments d'érotisme ou de plaisir intense. Le moment de l'immédiat est l'érotisme de la communauté toute entière, le moment de haute intensité vitale où tous les "sujets" se perdent, s'oublient dans la consumation, point de fusion entre les "objets" et les "sujets"[39] par la

[39] Les guillemets que je maintiens ici ne sont là que pour montrer, faute d'autres mots, une différence qui ne prend réellement corps que dans le

destruction des uns et des autres, et où l'unité du monde institué, de la communauté se trouve directement vécue.

Le préfère donc, ici, employer le terme de consumation, que j'emprunte a George Bataille[40], à celui de consommation. Car il s'agit dans ces moments bien plus de consumation que de consommation, bien plus de destruction que de renouvellement des forces, bien plus de mort et de vie que de pérennité. Sinon, on ne peut comprendre, ni vivre, le sacrifice, le sacré, et on ne peut que moraliser sur les meurtres, les guerres, les jeux cruels, les explosions intenses et soudaines des mouvements de foule et les destructions "inutiles", comme diraient les économistes, d'objets précieux et d'hommes comme dans le potlatch.

Il m'apparait donc clairement, qu'aucune société, ne peut prétendre s'instituer durablement sur l'un ou l'autre de ces moments. Notre fameuse "société de consommation" et ses récentes crises permanentes illustrent bien ce que je veux dire ici. L'expression "société de consommation" a été ce me semble mal comprise. Elle signifiait précisément, la dénonciation d'une société qui veut entièrement se constituer sur un des moments du mode de signification et du mode de reproduction: le moment de la durée, le moment de l'éternité. Car en fait, la consommation est exactement l'inverse de la consumation. Elle est même une des composantes du moment de production, puisque c'est précisément elle qui l'alimente. La consommation est exactement basée sur la répression de

---

processus de signification et d'objectivation. Cette distinction est bien sûre entachée d'occidentalisme.

[40] George Bataille, *La Part Maudite*, Minuit, 1967.

toute jouissance de l'instant par l'institutionnalisation d'une perpétuelle insatisfaction dûment entretenue par le r(s)ecours publicitaire et autres relations publiques de marketing, qui permettent de temporiser continuellement la consumation par la consommation elle-même. Ainsi, plus nous consommons, moins nous nous consumons. C'est pourquoi aucun flic ou aucun économiste ne comprendra jamais pourquoi on a incendié les rues de Détroit en 67, brûlé et consumé les voitures en mai 68 à Paris et ailleurs, pillé les "usines de consommation" à New-York pendant le "black out" en 78, etc....

Alors, si la "société de consommation" était la fin de la fête, il a bien fallu la réinventer car aucune société, aucun être humain ne peut vivre sans elle; chaque institution de la durée implique l'"éternel retour", suivant l'expression de Nietzsche, de sa négation, que celle-ci soit instituée ou non, et qui n'est que le retour du devenir qu'on avait pensé supprimer dans le moment de la durée. Ce retour de l'immédiat, de l'indicible, de l'imprévu, de la jouissance immédiate s'exprimait a Paris en 1968 par le "Tout, tout de suite!" écrit sur les murs.

Mais notre société s'est fondée sur l'assurance de l'éternité, (le développement des "assurances" sur la vie n'est qu'une des manifestations de notre croyance en notre éternité, en notre négation de la mort). Elle s'est fondée sur la croyance en la permanence platonicienne des concepts, des idées, et donc des choses.

Certes, nous ne pouvons pas non plus avoir et être "tout, tout de suite" en permanence, sauf dans la mort; il nous faut un certain sens institué de la durée, sans lequel on ne peut s'engager dans le monde, sans lequel on ne peut "réaliser" aucun projet. Nous ne pouvons pas vivre en pensant continuellement à la mort; il nous faut certes l'illusion vécue d'une certaine durée. De même qu'aucun individu ne peut fonder sa vie sur la perspective de sa mort prochaine, aucune civilisation ne peut se constituer sur celle du moment de sa fin[41], bien que celle-ci soit inévitable.

Cependant, parfois nous désirons aussi la mort, seule solution car seule résolution de la dualité instituée dont nous avons voulu nier un de ses moments et que certains d'entre nous ne peuvent plus supporter et qui préfèrent ainsi tomber dans la démence – ce qui est une autre manière de mourir – ou dans le suicide. La démence n'est-elle pas ce dépassement des limites imposées par la pesanteur des choses durables "d'où, comme le disait Breton, la vie et la mort, le réel et l'imaginaire, le passé et le futur, le communicable et l'incommunicable, le haut et le bas cessent d'être perçus contradictoirement42. Mais cette démence ne fait pas que se manifester sur le plan individuel, chaque société institue ses propres formes de démence collective. Des transes du culte Vaudou aux grands spectacles nazis, des simples cultes religieux des fins de semaine de la chrétienté bercés par la musique envoûtante de l'orgue aux miracles de Lourdes, toutes ces manifestations procèdent, quelles que soient leurs différences, du même désir de dépassement et où l'objet même du dépassement n'a plus d'importance sinon le dépassement lui-même. "Peu importe la

[41] Il s'agit là d'une analogie qui ne doit pas engendrer de confusion car la fin d'une civilisation n'est pas la mort des individus qui la composent puisque ce sont justement ceux-là même ou d'autres qui y mettent fin.
[42] *Les Manifestes du surréalisme*, "Second Manifeste" (1930)

bouteille..." dit le proverbe et avec raison, peu importe l'objet de perdition pourvu que l'on se perde, que l'on perde l'avenir dans le présent, que l'on perde l'objet du désir dans le désir de la perte.

Voilà qui me semble profondément humain et voilà qui est bien loin de la superstition économiste voire marxiste qui peut difficilement rendre compte, on en conviendra autrement que par des discours moralistes, de ces phénomènes.

Même le suicide, cette démesure, ce Hybris du désir a aussi ses manifestations collectives. Telles m'apparaissent les guerres, et pas seulement celles que pratiquaient les Aztèques, mais aussi les nôtres, où il est toujours honorable de mourir au combat. Mais celui-ci peut se manifester autrement. Ainsi le cas des Iks, décrit par Colin Turnbull[43] est celui d'une société qui préfère se détruire elle-même plutôt que de céder aux injonctions du gouvernement Ougandais l'obligeant à abandonner sa vie de chasseurs millénaires pour celle, plus avantageuse pour le gouvernement, d'agriculteurs.

Mais revenons au moment de production. Celui-ci ou plutôt ceux-ci diffèrent tant par leurs caractères propres que pas leurs répartitions dans le temps social institué chez chaque société. Ce sont les moments de travail mais aussi ceux de la constitution de la loi et des moyens mis en œuvre pour son respect, ceux où prime le souci de l'avenir tant collectif qu'individuel, mais aussi le temps du "Bien", de l'*Arété*, et le temps de l'ascétisme et du sacrifice de soi, le temps de l'interdit, le temps profane. C'est donc aussi le temps de

[43] *Un peuple de fauve*, Stock.

l'organisation, des projets, des réalisations. A l'inverse, les moments de consumation sont ceux des plaisirs immédiats, comme je l'ai déjà dit, mais aussi ceux de la remise en cause de la loi, de sa transgression[44], ceux ou seule la jouissance de l'instant compte. C'est le temps du "Mal", de l'érotisme, le temps de la violation, mais aussi le temps sacré.

Tels m'apparaissent donc les modes de dépl oiement du champ anthropo-social avec ses deux moments fondamentaux. Le champ anthropo-social, assure donc, à la manière spécifique de chaque communauté, le passage de l'individu à la communauté et de la communauté à l'individu.

3- Propriété des moments

J'ai donc introduit deux modalités de déploiement du champ anthropo-social, le mode de signification et le mode de reproduction qui m'apparaissent procéder eux-mêmes de deux moments, le moment de la durée et le moment de l'immédiat.

Cependant, j'ai insisté sur le fait qu'il serait illusoire de prétendre distinguer ces composantes comme autant de forces ou de causes. Il ne s'agit là, bien sûr, que d'une simplification qui apparaîtrait immédiatement abusive si on y voyait autre chose qu'un outil provisoire destiné à exprimer mes idées sur notre société, puisque c'est finalement celle dans laquelle je vis et celle dont les idées que je peux en avoir y expriment un certain comportement.

[44] Je reviendrai plus loin sur le caractère de la "transgression".

Les deux moments que j'ai distingués doivent en fait être considérés comme deux composantes inséparables, complémentaires du champ anthropo-social. Il est à cet égard "intéressant" de remarquer que la quasi-totalité des théories sociologiques, du moins à ma connaissance, ne considère, dans le cas le plus défavorable que l'un d'entre eux, évidemment celui de la durée - c'est bien entendu le cas de toutes les théories à caractère politique et économique -, et dans le cas le plus favorable, ne considère le deuxième, le moment de l'immédiat, que, tout au plus, comme un épiphénomène passage. C'est le cas de la conception hégéliano-marxiste, par exemple avec son concept de "révolution sociale". Ce concept n'étant bien entendu, dans cette théorie, qu'un moyen, en fait un avatar de la société lorsque celle-ci est acculée à une "impasse" historique, pour en sortir; car après, évidemment, tout doit rentrer dans l'ordre, dans l'ordre définitif (La révolution des marxistes est, bien sûr, la dernière), dans l'ordre du temps historique que les marxistes, eux, connaissent.

La faillite de ces théories est due, à leur refus, dès le départ, d'intégrer en leur sein, les deux moments essentiels du comportement humain – devrai-je dire ici que je ne fais que semblant de m'étonner? – et qui les a conduit à ne voir, dans les arts, les dépenses somptuaires et ostentatoires, le luxe, les deuils, les jeux et les spectacles, la musique, la poésie, la gastronomie, la sexualité, les meurtres et la folie, que des activités "improductives", ce qui signifie, dans leur langage, des activités autant nuisibles qu'"inutiles"; dévoilant ainsi leurs véritables soucis, lesquels procèdent avant tout du moralisme de l'économe, plutôt que d'une compréhension de la société et même de leur propre comportement; pour paraphraser George Bataille, je dirai que le matérialiste le plus endurci considèrera toujours comme un crime le fait de manger sa grand-mère[45].

Les moments que j'ai donc distingués ont donc au moins l'avantage de considérer tout ce qui procède du comportement humain, sans privilégier l'un ou l'autre moment autrement que lorsque la société elle-même les privilégie momentanément. Car ces deux moments sont même davantage que complémentaires, ils sont chacun la raison d'être de l'autre. Ils ne sont pas non plus "contradictoires", car le contradiction, du moins dans son acceptation courante, c'est-à-dire hégélienne, suppose la "résolution" dans le "aufhebung", en mettant un terme à l'existence des deux moments, précisément par leur "dépassement".

Qu'on me comprenne bien cependant, je ne prétends pas, à l'aide de ces concepts, expliquer l'évènement "société", je tiens simplement à prendre en considération les aspects humains de la vie qui ont été la plupart de temps "négligés" car ils ne sont pas, ils ne seront jamais explicables, objectivables, puisqu'ils sont avant tout émergence et création de possibles et, partant, jamais prévisibles.

Pourtant, l'histoire est bien l'histoire de l'émergence de ces moments, elle a ses moments de pénibles labeurs comme la construction des pyramides, des cathédrales, de la muraille de Chine, et celui des révolutions, des invasions destructives, des guerres, des cultes sanglants, des bacchanales et des Kronia,

---

[45] *Théorie de la religion,* Gallimard, 1973, p. 54.

pendant lesquels, en un jour, dans certains cas, peuvent être détruits le travail de plusieurs années (et ceci volontairement) et des civilisations millénaires. Quelle théorie pourrait rendre compte de ce perpétuel gaspillage qui est, qu'on le veuille ou non, la manifestation même de la vie, sinon une morale, c'est-à-dire la reconnaissance implicite, mais hypocrite car non assumée, de ce gaspillage "immoral" mais pourtant vrai. Car ce que les moralistes de tout poil, ce que les managers de tous les futurs et ce que tous les barbiers (que ceux-ci me pardonnent!) afficheurs de " Demain, on rase gratis!" nomment "gaspillage inutile" ou "improductivité", je pourrai très bien l'appeler: jouissance.

Jouissance dans la suppression immédiate de toutes les "vérités éternelles" et pesantes, mais jouissance éternellement momentanée et éternellement renouvelable, car elle est aussi ce par quoi nous pouvons re-désirer le monde indésirable des choses et des significations, ce par quoi nous pouvons l'embellir en renouvelant notre vision et notre appréciation sur lui.

Cette jouissance n'est-elle pas l'expression d'une douleur surmontée par excès de vie, "par excès d'être" disait Aristote, n'est elle pas non plus l'origine même de l'art en général, que nous avons crée, dit Nietzsche, pour ne pas mourir de la vérité.

Les révolutions par exemple, qui ont toujours étonné et surpris les politiciens en général depuis Aristote et certains d'entre eux en particulier depuis la révolution française a tel point qu'ils se sont imaginés pouvoir en "faire" une, une qui serait la bonne, la dernière, une qui serait scientifique, logique, organisée pour obéir aux "lois de l'histoire", ces révolutions, qui ne se déroulent jamais comme prévues car elles sont toujours imprévues, comme toute immédiateté, ces révolutions, ne sont-elles pas elles aussi un renouvellement du monde, un extraordinaire retour de l'immédiat par la réappropriation directe de toute la vie sociale? Mais certainement pas un renouvellement en vue d'un projet futur que tout le monde ignore, mais un renouvellement de notre désir du monde dans sa jouissance immédiate.

C'est pourquoi tous les organisateurs du monde, tous ceux qui veulent contingenter, régler, quantifier, compter, chronométrer, tous ceux donc qui ne vivent qu'à moitié, que dans un seul moment, et qui ne peuvent par conséquent pas accepter une société qui vivrait complètement, c'est-à-dire une société qui soit composée d'autre chose que d'individus qui ne s'engageraient que pour des projets qui ne feront qu'attendre, seront éternellement frustrés et constamment déçus de leurs prévisions, et qu'ils doivent recompter et réorganiser sans cesse pour être encore et sans cesse bafoués.

Les révolutions, comme les fêtes antiques, et comme expression particulière du moment de l'immédiat, ne sont jamais instauration d'un nouvel ordre social – celui-ci ne peut venir qu'après ou avant, car un nouvel ordre social peut très bien s'instaurer sans le recours d'une révolution – elles sont fondamentalement négation immédiate de l'ordre des choses dont elles "renouvellent" le sens. Elles réinventent le monde, et le monde avec elles peut recommencer sa genèse. Les révolutions ne sont pas "révolutionnaire" au sens des politiciens car elles n'obéissent à aucune "nécessité" historique, elles expriment pleinement, voluptueusement, notre désir de nous abstraire de la durée.

L'utilisation des révolutions par les politiciens candidats à tous les pouvoirs d'assujettissement est un autre problème sur lequel je vais revenir un peu plus loin. Les deux moments que j'ai introduits plus haut sont donc comme le Ying et le Yang de vieille magie chinoise, ils sont la génération et la transformation. L'un institue, l'autre destitue, mais cette destitution n'est que le désir d'une nouvelle institution et ainsi de suite.

Nous avons tous, nous ressentons tous, quotidiennement, ce double mouvement qui peut nous faire passer dans la même journée aussi bien que dans l'intervalle d'une minute, de la plus pesante certitude au doute le plus radical, du travail scientifique ou autre le plus "sérieux" et le plus astreignant au "désordre amoureux" le plus intempestif, de l'optimisme bouillonnant à la morosité noire. Bref! Nous sommes tous, nous avons tous, les moments du Dr Jekill et ceux de Mr Hyde. Et ces moments se manifestent tant sur le plan individuel que collectif. Mais cette cyclothymie ou plutôt cette bipolarité n'est pas pathologique elle est la vie humaine.

Certes! le problème se complexifie d'autant plus que le champ anthropo-social est plus différencié. Dans notre société, j'y reviendrai, la perte générale d'une signification globale du monde sans laquelle aucune société, je le pense, ne peut survivre durablement, les explosions soudaines, les brusques apparitions du moment de l'immédiat ressemblent davantage, dans certains cas, aux fébriles sursauts du moribond qu'à la saine colère régénératrice, et ceci m'apparaît d'autant plus tragiquement que les possibilités matérielles d'un suicide collectif existent depuis quarante ans.

Mais il ne s'agit pas ici d'une lutte à mort entre Dr Jekill et Mr Hyde; car toute victoire de l'un entraîne la mort des deux, c'est-à-dire la mort tout court. La poursuite de la vie, suppose la poursuite de la lutte entre les deux moments. Il n'y a pas de loi sans transgression de la loi, pas de désir sans désir du désir, pas de règle sans l'attrait de l'irrégularité mais aussi, pas de fêtes sans le travail qui les suscite et dans lesquelles on "gaspille" ses produits, pas de vertige de l'ivresse sans l'angoisse de son issue. Le bonheur n'est qu'une douleur surmontée et le "bien" n'existe que dans l'avidité du "mal"; tout le reste n'est qu'ennui et tristes rêves de bureaucrates.

Une autre propriété des moments du champ anthropo-social est qu'elle entraîne l'hétérogénéité du temps social. A cet égard, je pose en passant, mais j'y reviendrai, que le temps que nous connaissons, le temps linéaire, homogène, de la physique classique, comme de la société actuelle, est une institution qui fonde la répétition mécanique et "éternelle" d'un même moment. Notre temps n'est que le nombre que nous attribuons à nos choses identifiées comme immuables. Son isotropie, qui se traduit sur le plan formel par une application sur les nombres réels, repose elle-même sur l'institution de la vie réglée, ordonnée et ponctuée au son de l'horloge, des monastères du Moyen-âge, là-même où l'horloge semble avoir été inventée et où l'usage, en tout cas, s'est systématisé; Dieu n'est-il pas l'Horloge éternelle issue de la croyance de l'Église en un monde ordonné et indépendant.

D'ailleurs, Whitehead a montré[46] que c'est grâce à cette croyance que la science a pu progresser avec tant de confiance. Mais si au lieu de croire à l'Horloge éternelle, et que nous croyons simplement nos sensations du devenir – et non plus du Temps –, le temps ne nous apparaît jamais homogène. Le temps des moments de l'immédiat se contracte, ou pour emprunter une image à la relativité générale, l'espace-temps social se courbe, le temps semble s'arrêter dans l'effervescence et le tumulte des passions. Au contraire, les moments de durée étirent le temps, aplatissent la courbe de l'espace-temps social par les projets, les prévisions, l'organisation, la mise en place de structures qu'on voudrait définitives et éternelles, l'organisation. C'est le temps où l'on repartit les tâches, où les bureaucraties, les états, les empires se constituent et où la vie sociale toute entière ne devient que chiffres computés, que manipulation des choses. C'est le temps où l'avenir ne peut être que ce que le passé a prévu. C'est donc aussi le temps de la soumission aux grands systèmes paradigmatiques d'interprétation du monde, le temps de la soumission à toute signification. C'est le temps où l'histoire n'est envisagée que sous l'angle de la nécessité, de la pesanteur des choses, de la loi. C'est le temps où tout ce qui peut arriver, tout ce qui doit arriver est déjà prévu mais aussi où tout ce qui est déjà arrivé n'est jamais vraiment échu puisqu'il est toujours présent. C'est le temps du monde clos, du monde où rien n'advient, c'est le temps de la répétition et du toujours pareil, de l'abolition de tout autre possible que ce qui a été déterminé. C'est le règne de la nécessité absolue.

---

[46] *Science and the modern world*, Free Press, N.Y. 1967.

Ainsi, pour nous, le moment de la durée est celui du respect du "sens de l'histoire". On porte l'écusson "progressiste" ou "conservateur" (parfois même les deux), "réactionnaire" ou "révolutionnaire", mais on suit tous la même route même si on diffère sur l'interprétation du "code" de la course qui doit mener au bonheur garanti par la science.

L'idée, d'ailleurs, d'un sens de l'histoire est relativement récente, elle remonte, à en croire G. Huppert, au XVIe siècle. Cette idée de l'"histoire parfaite", d'une "logique" de l'histoire, qui reçut son apothéose dans le système hégélien et marxiste, part du point de vue suivant lequel l'époque dans laquelle on vit est évidemment la meilleure et la plus "avancée" pour nous permettre un jugement sûr sur l'histoire; entendue comme idée réalisée, ou réalisation de l'idée ou accomplissement de ses lois. Ce point de vue pourrait porter à rire, et à cet égard il n'a pas manqué d'en faire rire plusieurs dont Nietzsche et Kierkegaard par exemple, s'il ne faisait pas encore tous les jours l'objet de discussions passionnées parmi des gens dont le sérieux est certainement ce qui leur manque le moins.

Mais je m'explique. Tout partisan avoué ou inavoué de la méthode hégélienne part du principe au combien "a-historique" suivant lequel on a pu déterminer le sens de l'histoire a un certain moment de l'histoire. Moment privilégié au combien où le prophète Hegel perché sur les hauteurs d'un Sirius inconnu a pu apercevoir la totalité passée, présente et future de l'histoire humaine. Je ne m'attarderai pas sur l'opinion de ceux qui pensent que son disciple K. Marx aurait su trouver une colline plus haute à escalader qui lui aurait permis de voir plus loin; les deux partent des mêmes croyances, de la même foi, et ce qui vaut pour l'un vaut pour l'autre.

Ce qui importe ici, c'est de voir que cette idée a quand même fait son chemin puisqu'elle est devenue entre temps la pensée officielle de tous les états modernes, alors qu'à son origine, cette même idée fut perçue comme révolutionnaire.

Pourtant, à y regarder de plus près, cette idée d'un "sens de l'histoire" est bien l'idée la plus conservatrice qui soit, puisqu'elle postule que rien ne peut plus arriver de fondamental que nous ne connaissions déjà en regard des "lois de l'histoire" que nous avons "découvertes". Ce n'est donc pas "étonnant" que cette idée fut reprise par tous les tenants, bureaucrates, et dépositaires de toutes les lois, dans tous les pays. L'idée de la révolution, considérée sous l'angle de la politique, est nécessairement une idée absolue, qui nie tout devenir, puisqu'elle exprime le désir d'un ordre définitif; ordre qui a été défini lui-même par la "reconnaissance nécessaire" des "lois de l'histoire", ces mêmes lois qui ont été définitivement établies lors de la rédaction de la "Logique" de Hegel. Cette idée de la révolution n'est donc pas, dans la politique, l'irruption violente du moment de l'immédiat, comme je le faisais remarquer précédemment, irruption imprévue et imprévisible, incontrôlable et jamais contrôlée, malgré l'acharnement des organisateurs, mais devient, comme idée, un projet pour le futur déjà connu.

L'idée même d'une histoire est donc, en fait, toujours l'expression de la négation du devenir. "Vouloir prédire l'avenir (prophétiser), dit Kierkegaard, et vouloir comprendre la nécessité du passé, c'est tout à fait la même chose et, si l'un semble à une génération plus plausible que l'autre, ce n'est qu'une question de mode. Le passé est évidemment devenu; le devenir est le changement de la réalité par la liberté". Ce raisonnement, d'une étonnante simplicité, me semble pourtant être le réquisitoire le plus radical qui ait jamais été prononcé contre l'hégélianisme et ses dérivés. Mais poursuivons! "... Si le passé était devenu nécessaire, on ne devrait pas pouvoir en conclure l'opposé en ce qui concerne l'avenir, mais au contraire, il suivrait de là que l'avenir aussi était nécessaire. Si la nécessité pouvait pénétrer en un seul point il ne serait plus question du passé et de l'avenir... si le passé était devenu nécessaire, il ne ressortirait plus à la liberté, c'est-à-dire à ce par quoi il est advenu"[47]. La notion d'histoire, et le développement de l'historiographie qui en découle laquelle, comme science, et comme toute science DOIT prévoir le futur nécessaire par la compréhension de la nécessité passée, est donc le prophétisme moderne, le prophétisme de tous les pouvoirs. Elle est le moment de durée du mode de signification de chaque État, celui-là même qui justifie son existence[48]. On ne saurait montrer combien la science de l'histoire est devenue la science de gouverner. Il n'y a pas que Staline qui faisait modifier les manuels d'histoire au gré de sa politique; dans tous les pays, ceux-ci sont "réajustés" régulièrement. Ainsi se saisi davantage le mot de Marx dans

---

[47] Kierkegaard, *Les* Miettes *philosophiques*, p1 123, sqq.

[48] Ici, au Québec, il n'est que de voir l'intérêt que porte le gouvernement souverainiste à un développement de l'historiographie québécoise qui montrerait la logique historique de sa politique, alors que de son côté, le gouvernement fédéral porte le même intérêt, mais cette fois, pour une historiographie canadienne.

l'"idéologie Allemande": "Nous ne connaissons qu'une seule science, la science de l'histoire."

Aujourd'hui, ce n'est plus seulement l'histoire en tant que science particulière qui est animée de prophétisme; chaque science de son côté, prétend à la connaissance totale.

Toute société opère donc un choix qui détermine son équilibre et son dynamisme propre entre ses moments de durée et ses moments de l'immédiat, entre sa production et sa consumation. C'est son partage entre son souci de l'avenir et sa jouissance de l'instant qui fonde ce "dynamisme", ses possibilités de "progrès" ou plutôt d'expansion, pour ne pas parler comme les économistes. Car en fait, toute société est "dynamique", y compris celles qui peuvent nous apparaître, avec nos yeux d'occidentaux, les plus stationnaires. Notre notion à nous du dynamisme étant principalement basée, selon l'idéologie du progrès, sur l'accumulation et le primat de l'avenir; nous sommes à cet égard à la veille de réaliser l'extraordinaire mouvement de régression que nous avons fait subir à la qualité de nos moments de consumation.

Nous avons, en effet, bel et bien remplacé ces moments créateurs de toute vie par une méprisable consommation de marchandises dont la baisse tendancielle de la qualité est directement proportionnelle à son envahissement quantitatif. C'est pourquoi s'imposent tant, les "nécessaires" explosions intempestives de consumation. Mais comme celles-ci ne sont pas désirables à l'intérieur de notre champ anthropo-social, comme elles ne peuvent être comprises et admises, et même souhaitées, dans un monde où seul le calcul, l'intérêt, l'accumulation, la quantité, doivent être pris en considération, la société toute entière court le risque d'une catastrophe soudaine issue de la libération inopinée d'une énergie trop longtemps contenue par la frustration et l'ennui. Là encore, les mouvements de jeunesse seront extrêmement significatifs. Si ceux des années soixante étaient animés d'une politisation fondamentalement antipolitique et antimilitariste, les récents remous aux États-Unis provoqués par l'affaire iranienne semblent indiquer un revirement spectaculaire qui ne demande qu'à se manifester. "Plutôt la guerre que l'ennui!" telle pourrait être leur devise inavouée.

Que l'on y prenne garde! L'histoire n'est qu'une discipline académique; les générations successives n'en retiennent jamais rien, voilà même peut-être, et paradoxalement, la principale leçon de l'histoire de ce siècle pour ceux qui ne sont pas restés obnubilés par une quelconque " Loi nécessaire". Notre société me semble être particulièrement vulnérable; seul, le complexe réseau de significations modernes maintien une cohésion sans cesse chancelante. Mais que le signe disparaisse, ou qu'il cesse de signifier, et le champ se dissout comme un gâteau de sucre. Que l'on se rappelle la crise de 1929, crise du signe monétaire seulement, pendant laquelle nos honorables banquiers de Wall street et d'ailleurs se jetaient par les fenêtres au lieu de jeter leurs liasses de papier désormais sans valeur, preuve, s'il en était besoin, que l'aspect le plus frappant de notre misère sociale n'est certes pas l'augmentation tendancielle du "coût de la vie" (l'expression à elle seule fait déjà frémir) mais bien plutôt la baisse tendancielle de la valeur de l'existence. Car pour reprendre une allusion corrosive de Nietzsche "ce qui a un prix n'a guère de valeur".

II – LES FORMES DU CHAMP ANTHROPO-SOCIAL

Chaque société se constitue un champ social qui lui est propre et qui ne vaut que pour elle. Chaque société est irréductible. Aussi, classifier, introduire des "catégories", définir des types, afin d'en dégager les traits les plus généraux procèdent nécessairement du réductionnisme. Le terme même de "champ anthropo-social" est évidemment, je l'ai déjà remarqué précédemment, abusif. Il n'existe pas en effet de "champ anthropo-social" qui vaudrait sous toutes les latitudes, un "champ-en-soi" qui "existerait" en dehors de ses manifestations particulières et qui se laisserait appréhender par la magie de notre pensée conceptuelle. Ne nous laissons donc pas abuser par la "tyrannie" du concept qui nous amène du complexe au simple, mais essayons plutôt de reconnaître que le "simple est toujours le simplifié", comme disait Bachelard.

Ce que je propose ici, je le considère comme une ouverture vers cette reconnaissance. Il s'agit donc ici d'un scénario qui tente de dégager des formes de champ anthropo-social afin de mieux percevoir la nôtre non pas dans une perspective évolutionniste qui voit ces autres formes comme autant d'<u>étapes</u> nécessaires d'une évolution universelle et unique de l'humanité chère à toutes les conceptions monistes engendrées par l'âge industriel, mais bien plutôt pour en signifier le caractère idiosyncratique.

Je considère l'évolution de l'humanité comme un phénomène contingent. Des milliers de groupes humains, de sociétés se sont reproduits quasiment identiques à eux-mêmes pendant des millénaires, et certains auraient sans doute continué si nous n'étions pas intervenus. Je ne veux pas dire que ces sociétés n'étaient pas dynamiques; j'ai fait mention précédemment que notre conception du dynamisme, le "progrès", nous empêchait de considérer le dynamisme propre de ces sociétés qui vivent à leur manière.

Le problème de l'évolution me semble avant tout suscité encore une fois par la dynamique propre, qui est elle-même contingente, de notre société occidentale, qui a fini par considérer sa propre évolution comme la norme de l'histoire, comme la norme de l'humanité, entraînant ainsi le mépris de toutes les autres formes et les soumettant à son joug, le joug de l'histoire.

Notre conception du temps, le temps mécanique, qui s'élabora tout d'abord dans les monastères du Moyen-âge, dont je parlais tout à l'heure, et qui s'oppose à la durée du temps organique – le temps mécanique peut être ralenti ou accéléré, car celui-ci s'identifie aux quantités de mouvements du mécanisme, lesquels, entre deux instants isolés peuvent augmenter ou diminuer; le temps organique est au contraire l'expression du devenir, de la naissance à la mort –, nous a conduit à considérer la fantastique évolution de notre société comme une propriété même du temps, considéré comme absolu. Ainsi, après avoir imaginé ce temps absolu comme ne pouvant être que l'expression de notre propre mouvement, il semblait naturel de considérer comme retardataires, les sociétés qui ne le suivaient pas.

Mais si le temps n'existe pas, s'il n'est que notre manière à nous de "reconnaître" le devenir pour mieux le conjurer, pour mieux nous donner l'illusion de l'éternité, les "autres" ne retardent plus sur "l'horloge de l'histoire". Aucun "primitif", aucun "sauvage" ne considère notre société comme étant plus en avance que la sienne; cette proposition n'a tout simplement, pour lui, aucun sens; en avance sur qui, sur quoi, et pour aller où?

Il est très difficile pour un occidental de se pénétrer de cette idée, comme il est très difficile, dans notre quotidien d'admettre la relativité des systèmes de référence. Or chaque société, chaque communauté est un système de référence, que l'on peut reconnaître effectivement comme tel que lorsqu'on admet leur caractère relatif. Mais notre conception mécanique, linéaire et arithmétique du monde ne peut se résoudre à la relativité, il lui faut un sens ABSOLU.

On parle ainsi de sociétés "archaïques" pour qualifier des sociétés qui ont de toute façon le même âge que la nôtre. Les hommes qui vivent dans ces sociétés vivent pourtant bien en 1980 après J.-C. et non pas en 7 000 avant J. C.!

Nous refusons de considérer ces gens comme nos contemporains tout simplement parce que leurs ancêtres n'étaient pas monothéistes, qu'ils n'ont pas fait les croisades, et qu'ils ne savent rien d'une automobile c'est-à-dire qu'ils n'ont pas suivi ce que nous considérons comme devant être le cheminement logique de l'évolution.

Nous nous refusons à admettre que le temps que nous avons inventé n'existe pas pour eux. Leur langage même, dans certains cas[49] ignore les "temps", comme leur vie sociale toute entière ignore le "temps". Par contre, ils savent vivre le devenir et la durée, ils savent assumer la mort et la renouveler.

Inversement, c'est sans vergogne que nous nous qualifions de société jeune, de société en "pleine expansion", comme si nous avions découvert l'élixir de jouvence. Il y a là manifestement une erreur de "logique" qui nous arrange. S'il existe des sociétés jeunes, ce sont bien les sociétés que nous qualifions de "primitives" (primitif = premier) qui ont su rester dynamiques sans "évoluer". C'est nous qui avons vieilli, "évoluer". En ce sens, l'"ancient society" serait alors la nôtre. Oui mais! Cela infirmerait notre belle notion de progrès qui a la singulière propriété de faire se dérouler le devenir en sens inverse. Ainsi, tantôt nous sommes une société jeune, dynamique, se dirigeant vers l'avenir avec résolution, tantôt ce sont ces sauvages qui sont des primitifs, des enfants (mais alors! leurs enfants, c'est quoi?) en face de nous, adultes avertis et plutôt presque séniles mais qui ne mourront jamais.

Le paradoxe est cocasse, et la seule manière de le résoudre est de reconnaître que nous nous sommes trompés. Nous nous sommes trompés en ayant voulu voir dans ces sociétés différentes l'origine de la nôtre; nous empêchant ainsi de saisir les singularités de ces sociétés et de comprendre ce qui a fait qu'elles sont devenues telles et ce qui a fait que nos sociétés ont suivi un cheminement différent. En fait, il est aussi absurde de considérer ces sociétés comme l'ancêtre de celles que nous considérons en évolution parce qu'elles inventèrent

[49] B. L. Whorf, *Linguistique et Anthropologie*; M. Leenardt, *Do Kamo*, chap. VI, Le temps.

l'histoire, que de considérer, *mutatis mutandis*, le protozoaire actuel comme l'ancêtre des vertébrés. Car dire ceci, c'est évidemment occulter le problème de la pérennité des protozoaires a travers l'évolution et malgré l'évolution.

Les sacro-saints principes du "déterminisme de l'environnement" et de la "sélection naturelle" ne peuvent ni expliquer, ni rendre compte de la fantastique variété des espèces naturelles sous toutes les latitudes, ni de l'extrême diversité des mœurs et des institutions humaines sur la surface du globe. La vie n'est pas détermination de l'environnement, elle ne lui est pas "soumise", sinon elle ne serait jamais apparue. La vie, toute forme de vie, est avant tout action sur le milieu. Et cette action est d'autant plus variée que l'organisme est simple car la souplesse des formes permet une plus grande variété de stratégies et de tâtonnements à expérimenter. Au contraire, plus l'organisme se différencie, se complexifie, plus ses possibilités de jeux dans la forme se restreignent. Et il semble bien en être de même pour les sociétés humaines.

Si en effet, il est patent que les groupes humains "indifférenciés" se caractérisent aussi bien par la variété des mœurs et des coutumes que par celle des langages et des institutions, il est non moins patent que l'ultra "différenciation" de nos sociétés a conduit à une uniformisation de nos comportements, de nos mœurs, de nos significations, et même de nos langages standardisés. Mais ce n'est pas tout, même les institutions sociales tendent de plus en plus à supprimer toute bigarrure parasite. Cependant, ne poussons pas plus loin, tel Icare, les ailes traîtresses de l'analogie. L'uniformisation dans la forme est précisément la conséquence de la différenciation, et celle-ci entraîne l'apparition de nouvelles possibilités de jeux et de variations sur le milieu insoupçonnées auparavant. L'uniformisation entraîne d'autres types d'émergences imprévisibles par définition et d'autant plus complexes et variés que l'organisme est d'autant plus différencié. Les émergences comportementales de l'homme sont nettement plus complexes, malgré l'"uniformité" du genre humain que celles de toutes sortes de bactéries. Ceci n'est pas contradictoire avec ce que j'ai avancé plus haut.

Il ne faut pas confondre la souplesse dans la forme, que l'homme n'a évidemment pas, et la souplesse d'action sur le milieu qui le caractérise. L'organisme peu différencié peut modifier sa forme, c'est sa manière propre d'agir sur le milieu sans toutefois le modifier, bien que sa présence seule et même sa propre modification soit aussi une certaine modification du milieu. L'organisme différencié lui, ne pouvant plus modifier sa forme, doit davantage agir sur le milieu, le transformer, bien que ceci n'empêche pas, mais à plus long terme, une certaine modification de sa forme.

Sans pourtant sacrifier au "biologisme" actuel, ce processus pourrait se rapprocher de celui que connaissent les sociétés humaines peu "différenciées" qui se caractérisent par une grande variété de formes, mais par une très faible modification de l'environnement. Tandis que nos sociétés s'uniformisent d'ouest en est, dans le même processus de modification.

Pour reprendre une image empruntée à la linguistique, je dirai que la souplesse morphogénétique diminue au fur et à mesure que la différenciation se complexifie, tandis qu'augmente parallèlement la souplesse "syntaxique" ou plutôt relationnelle des éléments qui composent l'organisme considéré.

L'apparition du langage, puis du signe et de l'écriture est précisément la manifestation contingente de cette souplesse relationnelle de l'organisation humaine. C'est même précisément ces deux émergences, langage et signe qui seront la source de nouveaux jeux et de nouvelles variations à l'intérieur d'un champ anthropo-social ouvert. Et il importe de distinguer soigneusement ces deux formes de stratégie relationnelle si l'on veut, d'une manière provisoire, "définir" des "catégories".

III – LES SOCIÉTÉS SANS ÉCRITURE

Dans ces sociétés, la séparation des modes et des moments tels que je les ai définis plus haut n'est pas opérée. Le monde, pour ces sociétés, est une donnée immédiate car il n'est pas signifié dans une opération qui sépare la communauté du monde. Le monde n'est pas chosifié, il n'est pas objet d'appréhension. La totalité du champ anthropo-social procède des échanges complexes résultant de l'institution, du langage parlé, de la communication orale, immédiate, où le mot, ou plutôt, le son, est le son de la "chose", ce par quoi la communauté l'anime. Il n'y a ni "symbole", ni "imaginaire" (au sens que nous donnons habituellement à ces mots, c'est-à-dire au sens que ceux-ci "représenteraient" quelque chose d'autre qu'eux-mêmes), car il n'y a ni monde imaginaire séparé, ni symbole de quelque "chose". Le monde ne s'explique pas par une médiation d'images et de symboles, il est directement vécu[50].

J'ai montré précédemment que ceci est une propriété du moment de l'immédiat. Cependant, il serait abusif de dire que ces sociétés ne vivent que le moment de l'immédiateté puisque, comme je l'ai déjà dit, l'un ne peut aller sans l'autre.

Le "signe" primitif, totems, décorations, bijoux, armes, n'a aucune "valeur" d'échange au sens des économistes, il est tout entier échange de la valeur qui est attribué socialement à celui qui l'arbore; il se confond avec lui. Il n'y a ni signifiant, ni

---

[50] "Ce qui est devenu chez-nous, avec la sécularisation des temps, poésie, est encore chez-eux réalité vécue" dit M. Leenardt en parlant des Kanaks, *Do Kamo*, p.63

signifié, les deux se confondent dans l'immédiateté vécue. En fait, ce qui peut caractériser ces sociétés – il s'agit, bien sûr, d'une grossière simplification – c'est précisément l'absence de moments distincts; cette distinction ne pouvant intervenir qu'avec la réification du monde et des hommes, qu'avec l'apparition des choses dans les signes. L'homme primitif ne distingue pas le sacré du profane. On ne peut donc pas dire non plus que celui-ci ne vit que dans le temps sacré, puisque ce temps n'apparaît en opposition au temps profane que dans les sociétés qui ont effectué cette séparation, et dans lesquelles il signifie selon R. Cailloix, la restitution au "sujet" de la "chose" avilie dans le monde profane de "l'objet".

En effet, le "signe" – je continue à employer ce mot affublé de guillemets pour bien montrer que ce signe n'est pas un signifiant désignant un signifié, mais qu'il contient l'un et l'autre –ainsi vu, ne signifie jamais quelque chose, quelque chose d'autre que sa raison d'être qui est de présentifier ce qu'il désigne. Il ne peut donc signifier quelque chose dans un monde sans choses. Et lui-même, en tant que "signe", n'est pas une chose séparée. Comme le langage parlé dans ces sociétés, il dit exactement ce qu'on en dit. Les rites chamaniques sont pleins de manifestations qui pourraient illustrer ce qui précède.

Par exemple, l'extraordinaire pouvoir du langage ressort clairement dans les cas de mort par conjuration ou envoûtement, dans lesquels la victime ne meurt sans d'autres lésions que celles opérées par la persuasion des paroles prononcées. Dire à quelqu'un dans certain cas: "Tu es maudit!" équivaut à le condamner à mort. Il en va de même pour le "signe"; il suffit de se rappeler les cas de sortilège qui consistent, lorsqu'on désire la mort de quelqu'un, soit à opérer certaines pratiques magiques sur des objets lui appartenant, soit tout simplement à les détruire.

Dans les deux cas, on sait que l'objet est le sujet, et ce qui vaut pour l'un vaut pour l'autre. Tel est fondamentalement le sens de la sorcellerie, de la magie, et de la superstition certes, mais aussi celai de la force extraordinaire de toute foi; celle-ci étant l'expression du désir d'unité à travers l'exacte adéquation du "signe" et de sa "signification", de la parole du monde et du monde, du sujet qui désigne et de l'objet qui le désigne. Ainsi, dire, c'est non seulement posséder qu'on dit, mais c'est aussi, bien sûr, être possédé par ce qu'on dit.

C'est seulement avec la généralisation de l'écriture que la séparation entre le son prononcé (l'évocation) et la "chose" va se faire, car l'emploi du signe suscitant l'émancipation de celui-ci vis-à-vis de tout "signifié" permettra aussi au langage, à la parole, désormais édulcorée par la "présence" du signe, la même émancipation".

Cependant, cette "émancipation" n'est jamais totale, et même après l'écriture, la parole continuera de fasciner, de subjuguer toute volonté, notamment dans les moments de l'immédiat, pendant lesquels, "Tout" se confond.

Quand un Aztèque prononçait le mot "Soleil", il tremblait. Il savait que sans les sacrifices humains pendant lesquels on offrait les cœurs encore palpitant des sacrifiés, celui-ci n'aurait pas l'énergie nécessaire pour briller et se lever tous les jours. Actuellement, dans les moments d'effervescence politique, une parole prononcée par le chef (le détenteur de la Parole) peut entraîner un bouleversement général. Bien, entendu, cette parole a d'autant plus de force encore, lorsque le chef politique est doublé du chef religieux, car sa parole est alors, en plus, identifiée à celle du dieu.

Mais dans les sociétés sans écriture, la parole, le son, est comme leur musique, elle a toujours le caractère de l'immédiateté, elle entraîne toujours des conséquences immédiates.

Si l'émergence du langage et son évolution a introduit un mode d'échange, de communication, spécifiquement réservé aux communautés humaines, la communauté est cependant loin de se réduire à ce mode. Le champ anthropo-social englobe un "ensemble indéfini de communications réels ou possibles" comme le disent Haudricourt et Granai dans un article que cite Lévi-Strauss[51]. C'est l'échange complexe. D'ailleurs, le terme d'échange me semble préférable, à cet égard, à celui plus restreint de communication, si on entend par là une référence à la théorie cybernétique développée par Wiener[52] et qui inspira Haudricourt et Granai, et plusieurs autres à leur suite, en vue d'une interprétation globale de la société.

Je ne pense pas, au contraire des susdits et de Lévi-Strauss, que les règles de la parenté et du mariage servent à assumer la communication des femmes (ou même uniquement celle des hommes, comme certains l'ont fait remarquer) entre les groupes, que les règles économiques servent à assumer la

[51] *Anthropologie Structurale*, langage et parenté, p 94
[52] Wiener, *Cybernétique et Société*, U.G.E. 1962

communication des biens et des personnes, ni que les règles linguistiques assumeraient la communication des messages (ce qui est une tautologie). Le champ anthropo-social ne semble pas se réduire à un éventail de structures ou à une théorie si complexe soit-elle de la communication. Ceci occulterait une des composantes essentielles du champ anthropo-social que constitue le moment de l'immédiat.

La destruction, la consumation, la fascination, le gaspillage, la passion, le jeu, l'érotisme, le déchaînement, l'extase collective, qui se manifestent au cours des rites et des pratiques religieuses et politiques ne peuvent s'expliquer par une quelconque théorie globale de la communication. Par contre, il me semble plus approprié d'englober ces phénomènes sous le terme d'échange, plus souple. Dans la communauté, l'échange est le but et les moyens mis en œuvre pour y parvenir sont multiples et complexes; depuis la prohibition de l'inceste jusqu'aux hymnes nationaux, en passant par l'art, le folklore, les rituels, le langage, l'écriture, les modes de comportement vestimentaire, les codes de politesse, les rites culinaires, etc. Mais l'échange a aussi ses moments de durée, et certains de ses modes appartiennent davantage à ceux-ci qu'aux moments de l'immédiat.

L'échange complexe qui préside au champ anthropo-social, n'est donc pas réductible à l'institution du langage. Cependant, celui-ci fonde certainement un nouveau type d'échange que nous ne sommes pas encore prêts de saisir dans toute sa complexité. Il introduit une ouverture, une dynamique extraordinaire, en même temps qu'il devient un facteur primordial de stabilité pour la communauté.

Les "structures" du langage une fois inventées (je mets des guillemets au terme: structure, pour bien montrer qu'il ne s'agit pas de se laisser abuser par la "solidification" qu'il risque d'entraîner. Le langage n'est pas une structure "cristalline", étant l'expression d'un rapport vivant, il est toujours lui-même vivant, même dans son apparente "fixation"), ce qui a certainement dû susciter de longs tâtonnements, celles-ci se transmettent de génération en génération au sein de la société à laquelle elles appartiennent.

Le langage est certes un moyen d'échange privilégié pour l'homme, mais il est, malgré tout, loin d'être seul. Dans nos sociétés, où l'on parle de plus en plus pour en dire de moins en moins à propos de tout et de n'importe quoi, comme pour combler le vide de l'ennui, il nous est difficile d'imaginer que la plupart des sociétés que nous appelons primitives n'usaient du langage qu'avec parcimonie, et on ne l'utilisait pas à tout propos[53]. Certains mots ne devaient même être jamais prononcés en dehors de certaines cérémonies rituelles (c'est d'ailleurs, pour nous, l'origine des "sacres" blasphématoires) et dans certaines sociétés il ne fallait pas prononcer le nom d'un absent.

La parole conservait ainsi une valeur d'échange, au sens plein du mot. Les Aztèques eux-mêmes appelaient leur roi "Tlatoani", ce qui veut dire:"Celui-qui-a-la-parole". En dehors du langage, l'échange complexe procède aussi des règles du mariage à partir de la prohibition de l'inceste, qui ouvre un univers d'échanges possibles, des systèmes de parenté, et de tout ce que j'ai rappelé précédemment. Et le plus

---

[53] Lévi-Strauss, *Anthropologie structurale*, p 78.

extraordinaire est certainement que la combinaison de tous ces échanges aboutit, la plupart du temps à une cohésion harmonieuse du champ anthropo-social, telle cette véritable "sociologie planifiée", dans un exemple que cite Lévi-Strauss révélée par l'étude de l'organisation familiale des sociétés australiennes, et cette intégration de la vie affective, dans un complexe système de droits et d'obligations en Mélanésie, qui laisse loin derrière nos horribles et froides hospices de vieillards et l'impersonnalité bureaucratique de la Sécurité Sociale[54].

Le langage "primitif", c'est-à-dire le langage oral, non écrit, non signifié, est, comme toutes les autres formes d'échanges dans ces sociétés, relation immédiate. Il est, dans le son même prononcé, l'échange réalisé. Il est la présence de ce à quoi il réfère, et c'est ce qui peut expliquer les croyances et les tabous qui restreignent son emploi.

Il n'est pas, il ne peut pas être une désignation ostensive ou une simple monstration d'un référent en l'absence de tout dessin, de tout signe, qui ferait perdre la présence immédiate de l'autre, du "signifié". Le langage oral, et uniquement oral, c'est-à-dire non encore édulcoré dans son emploi par la présence du signe, de l'écrit, n'a évidemment, ni signifiant (signe) ni signifié (objet) puisque celui-ci suppose celui-là. Il n'y a donc pas de place pour un quelconque "jeu", comme dirait Nietzsche, entre le signifiant et le signifié.

Le langage donc, facteur de stabilité, assure la reproduction du champ anthropo-social, sa pérennité avec les autres formes

[54] Lévi-Strauss, *Anthropologie structurale*, p 114

d'échange. Il appartient donc en propre à une communauté, et à elle seule; il ne vaut que pour elle, il est le son du monde et il est pour elle le seul monde. Le nom que se donne la communauté, par exemple chez les amérindiens, n'est pas là pour la différencier des autres communautés éventuellement ennemies, il veut dire: "Les Êtres Humains".

J'en viens donc à préciser le sens que je donne au mot "séparation" que j'ai employée plusieurs fois auparavant, puisque j'ai qualifié ces communautés de sociétés "non séparées".

L'absence de langage écrit, dans ces sociétés, contribue à ce que les individus qui les composent ne peuvent acquérir la distance[55] par rapport à eux-mêmes, distance qui sera justement la conséquence de l'invention du signe. Comme je le notais précédemment, l'absence de possibilités de "jeu" entre les signifiants et les signifiés empêche à cette société, toute contestation de l'institution, toute contestation du Mythe. La contestation ne peut venir que dès lors qu'on peut signifier une société, c'est-à-dire, pour commencer, dès lors qu'existe le signifiant même: société, ou un équivalent. C'est-à-dire, dès lors que la communauté cesse d'être immédiate, pour être appréhender comme une chose, comme un objet manipulable.

L'absence justement de toute signification fait que personne ne peut même penser à contester le bien fondé des institutions y compris même leur "transgression" (cf. supra). On ne peut

[55] Leenardt dit in *Do Kamo*, p. 55, en parlant du Kanak "qu'il ignore la profondeur". Je me demande s'il ne serait pas intéressant de mettre en évidence le rapport entre l'apparition de cette dimension et la distance introduite par le signe.

mettre en doute sans s'exclure de la relation immédiate, donc de la communauté, ni remettre en cause, ce qui n'a pas de cause (car la cause introduit une séparation entre elle et l'effet). Ces sociétés ne peuvent donc se différencier d'elle-même, ne pouvant s'appuyer sur quoi que ce soit pour étayer une pensée qui n'est pas séparable de l'immédiateté du dire.

Je veux donc insister sur le fait qu'une société ne peut effectuer la "séparation" qu'avec l'introduction de la possibilité de différencier le "sujet" de l'"objet", c'est-à-dire en inventant l'un et l'autre. Possibilité qui ne peut émerger qu'avec la constitution du signe et partant, de la "séparation" entre le "signifiant" et le "signifié" et de la possibilité de jouer sur cette "séparation", ce "hiatus". C'est seulement lorsque l'homme tombera sous l'empire du signifiant que celui-ci pourra être contesté, et le signifié, par voie de conséquence, avec lui. Le langage parlé, la parole ne peut agir sans la présence, il est même présence par l'échange direct qu'il suppose. Le langage écrit, le signe, ne nécessite plus aucune présence, hormis la sienne. Ainsi, si les dieux "primitifs" étaient "représentés" (en fait, il ne s'agit pas d'une représentation encore une fois, mais bien de leur présence immédiate), le dieu des Hébreux lui, n'est pas "représentable", ou plutôt, il est présenté par les tables de la Loi, dans la Torah, la présence de ses signes est sa seule présence. A cet égard, la tradition kabbalistique est riche d'enseignements. La mystique hébraïque est avant tout une mystique du signe, du langage écrit, la Torah est la "parole" de Dieu, les vingt-deux lettres de l'alphabet hébreux sont les éléments spirituels de la création. Le dieu hébreux est une force qui se traduit par un verbe et se compose de vingt-deux lettres qui sont les attributs de Dieu; et le son auquel elles correspondent est l'essence même de Dieu[56].

Mais si le signe fonde un nouvel ordre, il est aussi fondateur d'un désordre, d'un chaos qui ouvre désormais le monde signifié à l'"Histoire", qui est aussi histoire de la perte de la présence (curieusement, des kabbalistes du XIIe siècle introduisirent, à l'intérieur du monde divin, un élément féminin, la présence (Shekina), ce qui, dans la tradition judaïque, était absolument nouveau) et l'histoire de la quête de l'unité perdue dans le signe, dans la signification; substitut éternellement imparfait de la présence, et éternellement sujet à l'herméneutique.

Au contraire, dans les sociétés sans écriture, la séparation de l'ordre et du désordre, du bien et du mal, du sujet et de l'objet, du sacré et du profane n'existe pas. Je m'oppose donc, en cela, aux interprétations des fêtes, par exemple, pour ces sociétés, qu'en ont donné M. Mauss, R. Cailloix, M. Eliade et même Freud dans "*Totem et Tabou*", et pour lesquels, la fête est violation d'un ordre, d'un tabou, d'un interdit, nécessairement désordre par le renversement de ces interdits, et expression de l'éternité, contrairement au temps du devenir, du quotidien, qui est celui du changement. D'ailleurs, l'expression de R. Cailloix: "La fête est un excès permis, voire ordonné, une violation solennelle d'une prohibition" est justement contradictoire, comme le sont d'ailleurs ces expressions, pour lui de sens opposé, de "sacré de transgression" et de "sacré de respect". En effet, le mot transgression n'est concevable que relativement par rapport au respect, certes, mais avant tout, il

[56] G.G. Scholem, *La Kabbale et sa symbolique*, P.B.P., 1975

revêt un caractère d'exception pour la collectivité. Il ne peut y avoir transgression que lorsque la majorité respecte ce qui peut être transgressé sinon, la transgression perd tout son sens pour devenir un nouvel ordre à respecter.

Or, et c'est là que porte mon argumentation, "une violation solennelle d'une prohibition", et au surplus "obligatoire" ne peut être pris pour une transgression à une règle. Lorsque la totalité des membres d'une communauté "violent solennellement" les tabous les plus respectés, comme celui de l'inceste par exemple lors des cérémonies d'initiation chez les Warramunga, alors qu'en temps "ordinaire" ces unions incestueuses soulèvent le frisson de la terreur et de l'abomination et entraînent les châtiments les plus sévères pour les coupables, non seulement il est erroné, me semble-t-il, de qualifier ces cérémonies de "violation" ou de "transgression", mais il s'agit au contraire d'une marque de respect le plus absolu aux lois de la communauté. La transgression, pendant la fête ou la cérémonie rituelle, consisterait au contraire à continuer à vivre comme à l'"ordinaire" et à ne pas respecter la "violation"[57]. De même que la violation en temps "ordinaire" (la distinction entre temps ordinaire et temps extraordinaire est bien entendu toute occidentale) consiste précisément à ne pas respecter la règle admise par tous.

Il ne peut y avoir dans ces sociétés, et c'est aussi ce qui les distingue de la nôtre de séparation entre le sacré et le profane, l'ordre et le désordre, c'est-à-dire une séparation entre les

[57] On voit donc que la fête ici ou le Carnaval médiéval, n'est pas davantage une transgression des tabous que la guerre est une violation de l'interdiction de tuer.

moments réservés à ceux-ci et les moments réservés à ceux-là; chacun de ces moments sont d'importance égale pour la communauté, et tous sont également "nécessaires".

Il y a alors unité intime entre les moments et non séparation comme dans nos sociétés, où l'ordre devient le Bien, et le désordre le Mal, et où des hommes peuvent se spécialiser dans le respect ou la transgression. Les hommes et les femmes de ces communautés en "violant" collectivement leurs interdits, ne transgressent rien, au contraire, ils régénèrent la communauté en extrayant une nouvelle vigueur de l'explosion cathartique.

Le passage qui mène de l'unité à la séparation est certainement emprunt de tortuosités et de vicissitudes, au surplus, il n'est pas "nécessaire", il n'y a pas de "cause légale" qui préside à son émergence. Les communautés qui l'introduisirent le firent chacune à leur manière, sans obéir à aucune détermination historique. En ce qui nous concerne, notre séparation, telle que je la vois, s'est opérée il y environ vingt-cinq siècles, quelque part, sur un territoire guère plus grand que la Nouvelle-Ecosse, et qui forme l'extrémité méridionale de la péninsule balkanique. Nous allons donc nous en tenir là jusqu'à temps que le "miracle grec" nous ait livré ses secrets, lesquels, ont été singulièrement bien gardés pendant de longs siècles; mais il y eût Hölderlin, puis Nietzsche.

IV – LA GRÈCE PRÉSOCRATIQUE: LA DOULOUREUSE NAISSANCE DE LA SÉPARATION

La séparation que je vais tenter de mettre ici en lumière, celle qui présida à la naissance de l'antagonisme entre l'Être et la Pensée, la vie et le savoir, la théorie et la pratique est une histoire douloureuse. C'est précisément cette histoire qui engendra l'extraordinaire développement de l'art grec, celui-là même qui fit dire à Nietzsche: "Combien ce peuple a dû souffrir pour atteindre à tant de beauté". C'est cette même histoire qui nous conduira à la séparation définitive entre l'Hybris et la Diké, entre Dionysos et Apollon, entre les moments de la durée et ceux de l'immédiat, pour nous amener à Socrate, le type même de l'homme séparé, purement théorique, "monstre de logique"[58] croyant que le savoir peut redresser l'ordre de l'univers et que la science peut guérir de l'effervescence dionysiaque de l'Être et le corriger, et donc, à la fin du "sentiment tragique de l'existence", que les Grecs qui l'avaient précédé surent si bien vivre.

La profonde originalité de la société grecque repose sur la combinaison originale qui ressortira de la rencontre de deux communautés humaines ou plutôt deux types de communautés essentiellement différentes. L'une barbare, "primitive", guerrière et tribale représentée par les vagues successives d'envahisseurs indo-européens de la péninsule: Achéens, Ioniens, Doriens, etc. L'autre civilisée, sédentaire et citadine représentée par les Égéens crétois. La rencontre de ces deux

[58] Sauf indications contraires, les citations de ce chapitre sont empruntées à Nietzsche.

mondes allait provoquer un mélange explosif puisque, sans le savoir bien sûr, celle-ci présiderait à la naissance d'une civilisation qui dominerait toutes les autres, du moins, jusqu'à présent.

Cette profonde originalité est donc aussi celle d'une société sans écriture qui, tout en se civilisant, va vouloir continuer à intégrer dans sa vie les mythes primitifs de l'unité du monde. Unité du Cosmos et du Chaos, de l'Hybris et de la Némésis, de Dionysos et d'Apollon. L'histoire de la société grecque, c'est aussi l'histoire de la lutte entre les deux forces primordiales. L'harmonie du monde re- pose sur leur tension tout comme l'harmonie de la lyre repose sur la contrainte de l'arc qui tend la corde. Juguler les forces de l'immédiat pour créer l'harmonie, sans cesser ·de méconnaître l'une et l'autre, et leur lutte permanente, voilà qui est proprement grec, profondément tragique et qui constitue le fondement de la sagesse présocratique. Et comme, tout ce que les grecs pensaient, ils savaient le vivre, l'ensemble de la société reposait sur ce principe.

La démocratie elle-même en est une application, mais l'ensemble de leur art, qui était aussi un art de vivre en était imprégné. Celui-ci est avant toute chose une victoire provisoire sur la "terrifiante profondeur" de la vie et des "horreurs de l'existence" si présent dans toute la mythologie mais aussi dans la sculpture, la philosophie, la tragédie. La beauté pour les grecs est ainsi le voile pudique qui recouvre l'éternelle tragédie de l'existence, elle dissimule, mais en tant que dissimulation désirée et connue que l'on perçoit même dans cette "nuance de tristesse" des statues (Hegel), des forces effrayantes. Nulle part ailleurs que dans la Grèce antique, l'unité des moments de l'existence n'a été mieux saisie; mais nulle part ailleurs non plus, la séparation ne sera plus complète.

Cette séparation se fera par le truchement de la signification, par le signe, par le représenté. Et comme en Grèce il fallait vivre ce que l'on pensait comme ce que l'on écrivait, c'est par la tragédie que le mode de signification va opérer. La tragédie est la forme spécifiquement grecque de la séparation. C'est par elle que la société va s'"objectiver" dans la représentation d'elle-même, par une partie d'elle-même, comme d'ailleurs dans la démocratie. C'est sur la scène que se joue la tragédie de l'existence, mais justement, parce que cette existence est encore essentiellement tragique. La tragédie n'est pas seulement montrée comme spectacle, elle est aussi vécue dans le sentiment mêlé de plaisir et d'effroi qu'elle inspire. Mais elle est cependant déjà aussi l'image du tragique, par le cœur, image de la foule en proie au délire dionysiaque, par la musique, comme voile sonore et harmonieux de la douleur, et par le dialogue qui est encore subordonné aux deux autres et qui, par sa transparence même, sait nous faire dépasser le visible, sans rester fasciné par la beauté[59]. Or, que nous montre la tragédie en tant que spectacle que la société se donne d'elle-même, c'est-à-dire en tant que connaissance déjà objectivée et par laquelle le tragique cesse malgré tout d'être vécu immédiatement, pour l'être médiatement dans le spectacle?

Dans Oedipe-roi par exemple, Sophocle montre le roi déchiffreur d'énigme, partant à la recherche du responsable de

---

[59] Nietzche, *La Naissance de la Tragédie.*

la perte de Thèbes. Mais Oedipe découvre en chemin que le vrai coupable, c'est lui, le parricide et l'inceste, dont le destin le vouera désormais à l'errance et à la mort.

Sophocle montre au spectateur athénien l'"essence" même de la vie grecque du moment; que la connaissance, "la sagesse, se retourne contre le sage, car la sagesse est un crime contre nature". Davantage, il montre que toute sagesse – la résolution de l'énigme du Sphinx – oblige à commettre des crimes contre nature – inceste et parricide. Nous dirions, aujourd'hui que toute information se paie en néguentropie, ce qui, à proprement parlé signifie exactement la même chose. On ne peut donc séparer toute connaissance de son côté destructeur. L'erreur d'Oedipe a été de confondre sagesse et vérité, car la vérité réside dans l'unité de l'Hybris et de la Diké, de Dionysos et d'Apollon; et qui rompt cette unité, cette lutte, cette harmonie, est voué à la colère des dieux. Qui désire l'harmonie de la lyre est contraint de laisser l'arc tendre la corde, il en est de même pour l'existence.

La grandeur grecque est toujours tragique et la tragédie que vit le héros est toujours l'expression de sa grandeur. Il est celui qui, vaincu continuellement par les dieux, renaît éternellement de ses défaites. Son sacrifice même est la manifestation de son "excès d'être" éternellement vaincu parce qu'éternellement renaissant. Même abattu, même démembré – Ajax se suicide, Oedipe se crève les yeux, Antigone meurt emmurée –, le héros reste grand, sa course vers la mort est un appel à la vie, elle est voulue car elle est la consumation noble par excellence.

La tragédie sonne comme un avertissement à la philosophie naissante. Celle-ci ne peut prétendre à la vérité dans le seul moment de la connaissance séparée. Cette sentence est bien présente chez Eschyle déjà – qu'on se souvienne de Prométhée rongé par le vautour pour avoir voulu dérober le feu aux dieux. Mais il n'y a pas que la sagesse, que la philosophie qui soit visée dans la tragédie; la société civile, la Polis même et ses lois écrites le sont. Celles-ci ne doivent pas prétendre à la perfection car elles s'opposeront toujours, dans le tragique de l'existence, aux lois non écrites, celles qui sont directement vécues et qu'Antigone a préféré suivre.

En fait, la tragédie montrée relate exactement, et pas seulement d'une manière allégorique, la tragédie et les souffrances que la société grecque vit quotidiennement pour vouloir se séparer des dieux. Elle relate ce long et pénible cheminement, pour ces anciens barbares, qui va les conduire de la chaleur unitaire et dionysiaque du mythe, à la froide sérénité calculée de la logique.

La tragédie ne donne pas encore le sens de l'existence, elle insiste encore au contraire sur la vanité d'une telle tentative. Dans sa vocation cathartique, elle fait encore référence au mythe. Mais cette référence est déjà spectaculaire, elle est déjà le signe de la séparation entre la pensée de la communauté et la communauté elle-même, en cela, elle augure déjà la pensée séparée du sophiste systématisée par Socrate.

Son évolution même illustre bien ce douloureux passage qui ne se fera pas sans heurt dans la cité. La valeur traditionnelle du mythe accepté par tous, puisqu'il est le ciment de la communauté, va progressivement faire place à l'argumentation dialectique, à la beauté et à la logique fascinante du discours, bref, aux sophistes. Et avec Euripide, la tragédie classique est bien morte; Dionysos est vaincu, seule reste la belle apparence d'Apollon, l'apparence de la durée et de l'unité.

V – LA GRÈCE POST-SOCRATIQUE: LA SÉPARATION ACHEVÉE

Quelque chose de fondamental pour le devenir de la Grèce s'est produite pendant le siècle de Socrate. A la montée des classes urbaines, de l'artisanat, conséquence de l'effort guerrier suscité par les guerres médiques et pendant lesquelles la marine allait prendre une importance décisive pour la victoire, la société grecque, la polis, répliqua par l'invention de la Démocratie; car en Grèce, tout évènement ne pouvait être que vécu et intégré comme principe de vie dans la cité.

C'est précisément pendant ce siècle, qui est aussi grosso modo celui de Périclès (Périclès 492-429 et Socrate 469-399), que se produisit ce que j'ai appelé dans le paragraphe précédent "la douloureuse naissance de la séparation", à partir de l'interprétation de la tragédie classique, telle que l'a vue Nietzsche, depuis Eschyle jusqu'à Euripide, en passant par Sophocle. On a ainsi vu, qu'à travers l'évolution de la tragédie perçait, de derrière le rideau du théâtre, le nez de la philosophie, qui allait finalement devenir tout à fait apparent derrière le masque du subtil dialogue de la poésie d'Euripide. Mais c'est avec Socrate, puis Platon et Aristote que la dialectique gagnera ses lettres d'arrogance.

Avec la démocratie, le mythe unitaire ne suffit plus à reproduire une société désormais vouée au désordre des luttes de factions. La représentation politique des citoyens, pendant civil de la tragédie théâtrale, imposa l'art plébéien du dialogue, du raisonnement, de la logique. Telle est l'origine des sophistes et des rhéteurs, spécialistes de l'argumentation théâtrale devant l'ecclésia, et dont la dialectique se vendait aux plus offrants. Mais telle est aussi l'origine de la logique et de la philosophie, "médecine de la société" dira Platon et spécialiste des maux de celle-ci. Ainsi, dès sa naissance, la politique est affaire de spécialiste: le philosophe.

Si la philosophie est la fille de la société en plein mouvement et pleine d'effervescence de la Grèce du Ve siècle, elle est en contrepartie, et justement pour cela, la pensée de la logique éternelle, de l'ordre, des catégories, des principes, de la pérennité des choses. Conséquemment, elle quittera le terrain houleux de l'agora pour se réfugier dans l'univers ordonné des sectes et des écoles, au service des pouvoirs, représentant direct de l'"esprit", de la "raison", et de l'"Être" (c'est-à-dire de ce qui est commun et éternel à toute chose).

La philosophie est donc la pensée de la durée, elle s'oppose à l'éternel devenir héraclitien, au changement, pour créer un monde entièrement nouveau dirigé par la nécessité logique et par l'apparence de l'éternité. Elle est la victoire de la raison sur les sens, victoire apparente cependant d'un monde "réel", solide, solidifié, qui doit continuellement malgré tout alléguer le témoignage de ce qu'elle rejette.

Quels sont donc les principes qui présidèrent à l'érection de ce monde "réel", qui est d'ailleurs encore notre monde?

La philosophie commence avec la condamnation de l'expérience sensible, du sensuel. Elle va asseoir les bases du raisonnement logique, créer le monde logique, à partir de cette condamnation. Opposer au monde du devenir, au monde "contradictoire" et dionysiaque des sens, de l'art, de la tragédie, de la poésie, de la musique, monde incontrôlable, inconnaissable, "illogique", pur chaos, un monde des choses qui donne l'apparence de la durée et de l'unité, un monde d'où sera bannie toute irruption violente, un monde de la production. Tel est le monde de la logique, telle est sa volonté.

La logique va donc instituer le monde "vrai", seul "réel", en opposition au monde trompeur, "faux", des sens, un monde avec ses catégories qu'elle considèrera comme ontologiques, sans voir que c'est justement parce qu'elle avait décidé avant qu'il était logique, que ce monde ainsi inventé se pliait à ses désirs. C'est ainsi, qu'après avoir décidé que le monde ne devait pas être contradictoire, que la philosophie formula le principe logique, le principe par excellence dira Aristote, de non-contradiction; une chose doit être ou ne pas être, et si elle EST, elle est ainsi une fois pour toute. Par conséquent, une chose ne peut être à la fois *apollinienne* et *dionysiaque*, vraie ou fausse, bonne ou mauvaise.

L'Être de la chose, sa substance, est éternelle et c'est pour cela qu'on peut la connaître.

Le pas est franchi, le monde des choses, le monde de la connaissance séparée, la métaphysique de la substance, voilà vingt cinq siècles de philosophie qui commence, voilà déjà la morale chrétienne – le monde des sens est le monde "faux", "apparent", le monde du Mal – voilà la séparation achevée entre l'homme et le monde, celui-ci devient une chose et partant, celui-là aussi, le monde s'ouvre à la transformation, à la manipulation séparée, à l'encadrement, aux calculs, aux comptes.

La séparation s'effectue entre le monde "vrai" et le monde "apparent", le premier, stable, saisissable, malléable, institue le monde de la durée, de l'avenir prévisible, c'est le monde des significations, des signes établis, le monde qui donne désormais le sens de l'existence, qui lui donne même UN sens, et un seul, le monde de la morale, de l'organisation des choses, donc des hommes, le monde des lois, de la science, de l'épistémè. L'"autre" est rejeté pour n'être plus considéré que comme "existence passagère, contingence extérieure, opinion, apparence superficielle, erreur, illusion" (Hegel), c'est le monde de la Doxa.

Oui! Le pas est franchi et bien franchi, et il est d'importance car nous n'avons pas encore fini d'en mesurer la portée. Nous sommes tellement habitués, depuis tous ces siècles, à penser et à voir le monde sous l'empire des catégories logico-mathématiques éternelles, que nous avons toutes les peines du monde à prendre le recul nécessaire, ne serait-ce que pour imaginer qu'il puisse en être autrement, et pour réaliser que ce monde eût une origine, qu'il ne fût qu'une opinion sur le monde.

Nous commençons seulement, depuis quelques années, un siècle tout au plus, à voir les limites, mais pas seulement les limites, la signification même, de la formalisation du monde, en dehors bien sûr, des poètes.

Qu'est-ce donc que la philosophie, dans la Grèce du IVe siècle?

Elle est l'héritière pauvre de la tragédie, sa bâtarde; pauvre, car désormais séparée, privée de son "objet": la communauté.

Si la tragédie était précisément telle, c'est justement parce que les maux de la communauté se trouvaient être encore vécus dans le spectacle, et d'une toute autre manière que dans nos misérables spectacles modernes, ridicules ersatz de tragédie, d'autant moins tragiques que les horreurs montrées sont davantage destinées à nous faire taire qu'à nous inciter à vivre et où le bonheur est d'autant plus montré qu'il est d'autant moins vécu. Mais la tragédie grecque elle, n'était pas seulement monstration, pur spectacle passif, l'amphithéâtre dans la cité était aussi important que l'agora, il était lui aussi un lieu de décision, un lieu de vie.

Mais, en tant que lieu de monstration, il était déjà, en puissance, un lieu de séparation, un lieu où des hommes et des femmes se spécialisent dans la pensée de la société et dans la monstration de celle-ci, devant la société entière d'abord, car dans la tragédie ils ne se différencient pas encore complètement de la communauté; ce ne sont pas EUX qui montrent, ce sont des masques, car la référence est encore le mythe, mais lorsque la pensée écrite se sépare complètement, que le dramaturge devient philosophe, les masques en terre cuite tombent, pour faire place au masque de la pensée "impersonnelle" toute puissante qui finit par supplanter le mythe. Et en tant qu'activité séparée, spécialisée, elle ne requiert plus le spectacle, elle se suffit à elle-même; seule des sectes, des écoles peuvent en "vivre", mais elle ne peut plus être montrée à la communauté, elle est désormais séparée d'elle.

Le philosophe peut dès lors, tranquillement, construire son monde, celui qu'il va appeler le monde "vrai", un monde où les signes écrits deviendront la chose et le concept son essence, un monde qui obéira aux catégories logiques, à l'"Être", à la Mesure (non à la Némésis), à la Régularité, à la Prévision, à la Preuve, à la Démonstration, un monde dans lequel on puisse vraiment se re-trouver (cf. Épilogue).

Le monde que l'on voit, le monde des sens, le monde de L'"apparence" n'étant qu'une caricature de monde soumis à l'empire des passions et au chaos du devenir et du changement.

Ce monde "réel", cette "réalité", construit de toute pièce et qui fascine encore les épistémologues, les scientifiques et les philosophes, à introduit aussi la Nécessité, celle qui soumettra le monde à la "torture" comme dira plus tard Bacon, le père de la science moderne, afin de le modeler, de le transformer, pour le contraindre à obéir à cette construction où la Causalité, cette mère de la Constance, qui repose sur le présupposé de la pérennité de la chose à travers ses catégories, éliminant par là même toute émergence, tout chaos, toute création puisque le changement n'est plus réduit qu'à une induction sur la continuité de l'Être, de l'Idée dira Hegel ou de la nécessité Historique dira Marx.

Ce monde où le Concept n'est pas le signe que nous attribuons au monde pour le saisir mais où il est la signification même du monde, son sens, son "essence". Ce monde enfin, où le signe devient le "vrai", est notre monde. Notre civilisation commence avec lui et avec cette croyance nouvelle, superstition fondamentale relayée par le monothéisme chrétien que ce monde désormais ordonné, déjà manufacturé par le concept, est le seul, le vrai, puisque prévisible et soumis aux catégories. Il devient humain, "trop humain" dira Nietzsche. Il devient utile.

Mais la volonté de nier le devenir et le moment social de l'immédiat qui lui est attaché, vouloir nier la meilleure fraction de la vie, celle qui la renouvelle sans cesse et qui nous la fait re-désirer sans cesse, ne peut aller sans conséquence, sans une mutilation fatale, un renoncement de l'existence dans le grossier utilitarisme de la durée, de l'accumulation et de l'économie de la jouissance, c'est-à-dire sa pure suppression. Cette mutilation sonne le glas de l'art de vivre de tout un peuple; la porte est désormais ouverte à l'Occident chrétien et bourgeois.

En voulant nier le devenir, le multiple, en dénonçant le monde de l'apparence, celui-là même que nous transmettent nos sens, mais que nous ne devons pas croire, comme n'étant que pure illusion, la philosophie présida à la répression de tout sensualisme. Il ne manquait pas grand chose à Socrate pour être déjà un bon chrétien, et Platon, son disciple, expulsera les poètes tragiques de sa cité "idéale": "Le poète, dit-il est au bord du délire sur le trépied des muses", pour mieux masquer le mal inhérent à la cité en la recouvrant du pudique voile apollinien de la pure beauté à contempler, de l'*Arété*.

L'activité de connaissance, désormais séparée de la vie quotidienne, de l'apparence", purgée de toute passion, de tout dionysiaque ou du moins illusoirement voulue telle - car au contraire de l'art, cette illusion n'est pas reconnue, elle n'est pas désirée, elle est toujours rejetée comme perturbatrice de l'activité de la philosophie et plus tard, de la science - cette activité de connaissance devient triste et froide, elle devient le lieu de la non-vie et le monde qu'elle crée à déjà la froideur de la mort.

En condamnant le monde de l'apparence comme pure illusion, la philosophie et la connaissance séparée se condamnent à le combattre sans cesse, à le rendre coupable de ses erreurs et de ses échecs. Telle est l'origine de l'"utilitaire" et "fécondante" fébrilité du philosophe-moraliste – savant, homme amputé et voulant amputer le monde, ne se voyant pas lui-même rongé par la fièvre dionysiaque, fièvre pourtant invincible et inguérissable puisqu'elle a nom: Vie.

VI – LES MODALITÉS DE LA SÉPARATION OCCIDENTALE

On n'insistera jamais assez, me semble-t-il, sur l'aspect essentiellement idiosyncratique de cette séparation telle qu'elle s'est passée dans la Grèce du Ve siècle. Cette séparation doit être entendue comme un évènement, une émergence et non comme étant pure réaction au milieu – ou dû-aux-conditions-économiques-à-l'état-des-forces-productives-bla-bla. Cette séparation n'était écrite nulle part dans l'histoire précédente de la Grèce – bien que l'on puisse toujours construire une classe de faits qui valide la théorie avec la suite de causes qui lui correspond –, et elle n'obéit pas plus à une quelconque volonté divine qu'à la non moins divine Nécessité Historique de nos matérialistes, si dialectiques soient-ils, qui sont toujours prêts à prendre leurs propres mythes pour la nécessité des autres.

Je ne montrerai pas, dans le cadre de cet essai qui se limite au mode de séparation occidental, et même à un certain mode, le mode grec – parce que c'est celui qui s'est finalement imposé par la suite à tout l'Occident et même davantage aujourd'hui –, combien les autres formes furent différentes et en quoi elles le furent. Cependant, il me semble que la reconnaissance de cette différence comptera, pour une part déterminante, dans la compréhension de notre futur immédiat.

Un autre aspect, que je ne ferai que noter ici, et qui touche également le problème de notre vie sociale envisagée sous l'angle de la Nécessité et du déterminisme causal, qui sont justement une invention grecque, est que cette conception du monde, qui est devenue aujourd'hui si générale dans sa volonté de soumettre tout ce qu'elle considère à ses propres fantasmes – fantasmes qu'elle appelle toujours des noms les plus dépassionnés et les plus impersonnels, pour bien se persuader qu'après tout elle n'y est pour rien –, a complètement occulté le problème du bas Moyen-âge que la déesse Nécessité n'avait nullement prévu, puisque pendant ces quelque huit ou neuf cents ans, celle-ci ne sera honorée par personne sauf peut-être par quelques moines obscurs qui passèrent leur vie à recopier avec plus ou moins de bonheur et de fidélité, les textes de l'époque hellénistique qui ressurgiront (mais pourquoi Diable! n'ont-ils pas été soumis à "la critique rongeuse des souris"?) à la Renaissance; laquelle sonnera à nouveau le glas du mode de vie au combien ludique et "consumatoire" de l'aristocratie féodale.

La signification a mis longtemps à s'imposer en Grèce comme valeur d'échange pour la communauté. D'ailleurs en Occident en général, la signification ne prendra force qu'à partir du XIIe siècle environ, alors que les Chinois et les Mongols, de leur côté, connaissaient déjà le papier, l'imprimerie, les manuels scolaires et le papier monnaie.

Toujours est-il qu'en Grèce, Dracon, en 621, fait écrire la Loi. La tradition orale est désormais objectivée dans le signe qui la représente et partant, elle se sépare de la communauté à qui elle appartenait en propre jusqu'alors et dont elle était le son, la parole.

En ce qui concerne la loi grecque, celle-ci était traditionnellement la voix de l'aristocratie ionienne. Mais dès lors qu'elle s'écrit, elle devient, par cette image même, la voix de l'ensemble des citoyens et même, dans la démocratie, celle des métèques et des esclaves; ceux-ci pouvant s'appuyer maintenant sur la présence du signe pour signifier leurs doléances et faire valoir leurs droits, ce qui n'était pas possible lorsque la Loi n'était que la Parole de l'aristocratie. Le signe permet donc de signifier la communauté sans alléguer d'une présence autre que celle de l'écrit. La signification du monde, et donc, l'objectivation de celui-ci et de la communauté, commence avec le: "c'est écrit!".

La signification introduit donc un nouveau mode d'échange entre les hommes, celui de la représentation. Avec le signe, les hommes n'ont plus désormais "besoin" de se voir réellement, face à face, de se présenter l'un à l'autre pour communiquer. Le signe devient, est leur présence, il suscite la vision de l'image de leur présence.

Le signe n'est donc pas seulement un signal d'échange, car en tant qu'image de celle-ci, on peut s'en satisfaire provisoirement comme substitut, ersatz d'échange. Satisfaction provisoire, bien sûr car le moyen de l'échange (le signe) ne fait jamais perdre de vue le but qui est l'échange lui-même. Celui-ci ne se satisfait jamais de la séparation du signifiant et du signifié. La séparation n'a pas pour but cette séparation, elle désire justement l'unité, c'est pourquoi les linguistes, par exemple, n'ont pas vu que le signifiant n'est jamais vraiment le signe lui-même, mais le sujet du désir: L'homme, et qu'il en est de même pour le signifié.

En effet, le signifié, c'est-à-dire l'objet, la chose, n'est jamais réellement la chose elle-même; la chose elle-même, c'est-à-dire la chose-en-soi, ne veut rien dire, au sens propre de l'expression, la chose ne dit jamais rien. Le signifié, la chose, exprime toujours ce que nous voulons dire par elle, c'est-à-dire, quel désir, quelle partie de nous-mêmes nous voulons transmettre à l'autre par son intermédiaire. La chose n'est jamais le but à atteindre, le but est l'échange et dans la signification ce but reste comme désir d'échange de tous avec tous.

Mais la relation introduite par le signe, la relation "significative", qui est une relation médiatisée par un signe, objective celle-ci, objective l'échange dans le signe en dispensant même la relation réelle d'avoir lieu; elle sépare l'homme de l'homme, l'homme de la communauté, l'homme de son monde. La signification creuse un fossé entre les hommes par la substitution du signe à leur présence. Ainsi, la présence du signe est toujours l'absence de l'homme. C'est pourquoi, au cours des argumentations, on entend si souvent dire: "Ce n'est pas moi qui parle, c'est le livre."

La représentation par le signe n'est donc pas, en fait, pure représentation, c'est-à-dire une deuxième présentation; elle est au contraire image de l'absence, elle est image de ce dont on désirerait la présence.

On a vu précédemment que la représentation par le signe, la signification, ne prendra réellement son essor qu'avec la philosophie. Celle-ci sera la pensée, l'expression signifiée de la pensée, désormais séparée de l'immédiateté du discours introduite et systématisée par les sophistes dans la représentation politique.

La Loi va donc devenir objet de pensée et conséquemment objet d'action spécialisée. Désormais séparée du mythe, du ciment unitaire, elle ne sera plus que le signe de l'unité éternellement sujet à caution. Elle s'ouvre donc à l'histoire, à la transformation. Elle devient affaire de spécialistes. La représentation théâtrale suit elle-même le mouvement, comme je l'ai déjà mentionnée plus haut, ainsi que la représentation politique; ce n'est plus l'ecclésia qui décide, et l'agora n'est plus désormais que le théâtre de rivalités des spécialistes de l'art oratoire des rhéteurs et des sophistes. Très vite, la pensée séparée se pose en seule détentrice de la réponse à la question qu'elle a elle-même posée: "Quelle est la meilleure constitution pour la cité?"

La philosophie prend donc le relais du mythe désormais contesté, mais pour l'expliquer, pour le signifier. Elle seule devient habilitée à sa critique et donc à la critique de la société dans son ensemble. Elle seule sait. Elle sépare donc la société entre ceux qui savent et ceux qui ignorent et divisent la communauté en "catégories" déterminées, éternelles, qui deviennent sous son égide, des catégories naturelles.

Ainsi, au moment même où de par le mouvement de la démocratie politique et de la représentation, l'esclavage et l'ostracisme commençaient à être mis en cause, pour des raisons que j'indiquai précédemment, la philosophie se porte à leur défense avec l'espoir de figer, à l'aide de ses concepts et de ses catégories, le mouvement amorcé: "Nous, philosophes, aurait-elle dit, spécialistes des questions qui touchent la constitution de la cité, déclarant que … chacun doit rester dans la catégorie que la Nature lui a octroyé, l'esclave, l'artisan, le commerçant, le noble chevalier, le hoplite, le paysan, le philosophe, chacun doit rester dans sa sphère naturelle".

La philosophie se substitue même à la représentation politique et à la représentation tragique. Elle est la fin de la Tragédie comme de la Démocratie. Elle désenchante le monde par la banalisation logique. Le monde devient objet, son objet, qu'elle veut, non pas interpréter mais transformer - je m'oppose donc ici à la thèse de Marx sur Feuerbach, thèse fameuse, prononcée par un docteur en philosophie qui ne veut que renouer avec la tradition socratique - selon les règles qu'elle a définies et qui reposent sur la croyance, le "fantasme" dirait Nietzsche, que les règles logiques qu'elle a imaginées sont les règles logiques du monde. Le monde de la pensée devient la pensée du monde qui s'exprime par elle. Elle fonde des églises avec ses grands-prêtres du savoir, ses hérétiques et ses séides.

En tant que fondatrice du mode de signification occidental, la philosophie ne s'est jamais contentée de dire qu'elle avait raison. C'est elle qui fournira, par ses écoles, les conseillers aux gouvernements, Aristote lui-même sera le conseiller du grand Alexandre. Et c'est elle qui, en posant les bases théoriques de ce mode, présidera à l'activité scientifique moderne dont les mythes sont les mythes de la philosophie. Et aujourd'hui encore, quand une science se pose la question de ses fondements, comme les mathématiques par exemple depuis 50 ans, c'est encore les grecs qu'elle interroge.

Ces mythes, dont je reparlerai dans l'épilogue, peuvent se résumer à ceci:

1. qu'il existe des objets et des sujets, bien que les sujets, les sujets pensant, soient une autre manière d'être de l'objet, de la chose-en-soi, de l'Être, que l'homme par la pensée peut s'approprier.

De cette croyance, de ce présupposé, va naître des querelles multiples qui alimentent encore l'épistémologie et qui iront de la critique de la Raison, dont l'argument principal reposera sur l'impossibilité humaine de saisir l'Être, la Chose-en-soi, en en fixant par là même les limites mais sans voir que cette soi-disant critique repose d'abord sur le présupposé qui l'a elle-même engendrée, sur l'*a priori*, que la Chose-en-soi existe absolument, à l'adéquation entre le monde et la pensée des positivistes.

Mais l'objet-en-soi n'existe pas, il ne prend, il n'est qu'une valeur d'échange dans la relation significative. La critique kantienne n'est pas en fait une critique, puisqu'elle part des mêmes présupposés que ce qu'elle entend soumettre à sa critique. Il en sera de même plus tard avec la phénoménologie.

2. que les principes d'identité, de non contradiction et du tiers exclus sont ontologiques.

Cette "interdiction théorique de la contradiction" (Nietzsche) qui rompt avec toute la civilisation grecque, et pas seulement avec la philosophie présocratique, sera le bras armé du dogme (1.). C'est de lui que découlera, non seulement toute une conception du monde, mais aussi bien sûr toute une pratique sur ce monde ainsi conçu et qui doit lui être appropriée et soumise.

Toute la pensée occidentale, du moins celle qui a trait bien sûr à nos moments de durée, lui est soumise. La méthode hégélienne, en tant qu'application systématique, "absolue" des principes de la Logique, et à sa suite celle de Marx, repose sur le respect absolu du dogme suivant lequel le monde ne peut être contradictoire, qu'il ne peut pas être à la fois bon et mauvais, beau et laid, vrai et faux, réel et apparent.

Aussi, les contradictions que nous pouvons apercevoir dans le monde, ne sont que des apparences, des passages, des "moments" de passage de l'Être, qui doivent conduire à leur résolution définitive. Résolution qui est le but de l'Histoire, son Entéléchie, sa Parousie, Cette résolution nous fixe ainsi le sens de notre vie, elle est l'"énigme résolue de l'Histoire" (Marx), sens auquel nous devons être subordonnés.

Cette résolution sera pour Hegel la réalisation de l'Idée, qui est d'ailleurs la visée platonicienne de l'UN, qui est l'Idée du Bien, de l'*Arété*, et pour Marx la réalisation de la "Cité Idéale" revue et corrigée, cité enfin libre d'où toute contradiction sera enfin bannie, où le sujet dominera enfin l'objet et où le bonheur sera garanti par tous et pour tous.

La philosophie antique et son héritière directe, la science moderne, même morcelée, a toujours eu pour objectif celui que Platon lui avait déjà fixé à son origine: celui de gouverner la Cité suivant les principes qu'il avait définis et qu'il avait hérités de Socrate. C'est pourquoi, dès qu'une science particulière prend de l'importance, elle· manifeste son vieux désir d'hypostasier l'ensemble de la Cité sous la bannière de ses concepts pour la soumettre à sa maîtrise.

En ce sens, Hegel et Marx ne furent pas des exceptions[60], ils ne sont que les héritiers, par leur invention de la méthode absolue, la méthode historique (Marx disait en 1844: "Nous ne connaissons qu'une seule science, la science de l'histoire"), d'une prétention qui est née à Athènes au Ve siècle avant J.C., et E.O. Wilson, dont je parlais au début, ne fait rien d'autre lorsqu'il déclara péremptoirement l'année dernière (1979): "Tôt ou tard, la science politique, le droit, l'économie, la psychologie, la psychiatrie et l'anthropologie seront sans exception des branches de la sociobiologie".

La philosophie, en tant que fondatrice du mode de signification occidental, participe également à la définition des moments qui le composent; moment de la durée et moment de l'immédiat. Elle fonde la morale. La morale commence avec la visée de l'UN platonicien, qui est l'Idée du Bien. "Nul ne peut commettre le Mal volontairement" disait Platon. Elle est chez Kant, l'"impératif catégorique" de sa raison pratique rattachée au monde nouménal, qu'il distingue de la raison théorique, rattachée elle au monde phénoménal, celui-là même qui permet la possibilité de "jugements synthétiques a priori", fondement de toute science et qui justifie ainsi, la place séparée de la métaphysique comme morale.

---

[60] A cet égard, le marxisme peut être considéré comme l'expression-type du sophisme moderne. Il n'y a encore pas si longtemps, la quasi-totalité des philosophes-intellectuels s'étaient donnés la mission de diriger la société – ce qu'ils réalisèrent d'ailleurs dans plusieurs pays – à partir de la reconnaissance absolue de leur savoir. C'est ainsi qu'ils imaginèrent le Prolétariat, classe missionnaire, dont ils allaient bien sûr diriger la "mission".

Mais viser l'UN, c'est en même temps exprimer le désir de soumettre le monde au "royaume des Idées", royaume immuable, qui ne devient pas, qui ne périt pas, et qui est l'État idéal. Ce royaume des idées est par définition intemporel, il est la Durée, et il s'oppose en cela au royaume du devenir, changeant, instable, soumis aux caprices de l'immédiat, au temps, au Mal enfin qui est aussi la femme, car là où règne la Logique, l'Ordre, la Durée, la femme est exclue en tant que femme, elle doit se soumettre à l'ordre ou... devenir un homme[61].

La durée, l'éternité prime donc sur le devenir, le changement, l'immédiat. Au surplus la visée de l'UN est la visée de la suppression du devenir, il est la visée de l'instauration de l'éternité. Le mode de signification occidental repose donc, dès le début, sur la répression de toutes tendances dionysiaques et sur la volonté de les supprimer.

Toute la philosophie depuis Socrate et toute la science moderne repose sur cette volonté de banalisation du monde qui est son application pratique. Le scientifique, comme le philosophe, refuse de voir, de considérer les passions qui les animent dans leur activité de connaissance et ils les masquent derrière le discours impersonnel, "objectif", qui est leur présupposé subjectif, la signification occidentale du monde, son "impératif catégorique".

---

[61] "Dieu créa la femme. Et en effet l'ennui cessa et bien d'autre chose encore! La femme fut la seconde méprise de Dieu. "Par essence toute femme est un serpent, Héra", c'est ce que sait chaque prêtre:" par la femme vient tout le mal dans le monde". C'est ce que sait également chaque prêtre. "Donc la science vient aussi d'elle". La femme a fait manger à l'homme le fruit de l'arbre de la connaissance. Que se passa-t-il? Le Dieu ancien fut pris de panique". Nietzsche, *L'Antéchrist*.

Mais plus la science prétend à l'objectivité, plus elle se sépare du monde, et plus elle veut le soumettre à sa subjectivité. Car elle ne peut que constater, impuissante, à chaque moment, et à son grand désespoir, que le monde lui échappe. A chaque fois qu'elle croit avoir enfin trouvé, qu'elle croit avoir enfin compris et qu'elle s'imagine enfin prévoir, c'est-à-dire qu'elle s'imagine avoir supprimé le devenir, le changement, l'émergence, elle doit à nouveau recommencer, car "la nature, suivant l'expression d'Heisenberg lui-même, est imprévisible". La science donc, ne s'est aperçue que récemment du tour que lui avait joué la nature. Mais en tant que signification occidentale du monde, en tant qu'elle lui a déterminé son sens, en fidèle héritière de la philosophie et de la religion, elle continue, encore et malgré tout, son chemin, insensible et aveugle à ses propres bouleversements.

En voulant "économiser" le monde pour nous garantir de tous les maux (et nous préserver du "malheur d'être nés comme disait le vieil Héraclite), et de toutes les vicissitudes de l'existence, en voulant nous garantir l'éternité[62], la science a

[62] Il faut remarquer à cet égard l'absence de statut de la mort dans notre société. Nous sommes probablement la seule société ou la mort n'existe pas. En supprimant la mort, notre société a supprimé toute vérité de la vie. Nous avons peur de la mort car nous craignons qu'elle nous révèle le mensonge de notre pseudo-vie qui repose sur notre croyance en l'éternité des choses et partant de nous-mêmes. Nous avons peur de la mort, nous la nions, car étant la manifestation suprême de l'immédiat elle nous révèle ce que nous avons voulu supprimer. Nous avons peur de la mort car elle n'entre pas dans nos projets. Le mouvement qui nous a conduits à refuser la mort et à lui faire violence au point d'enfermer les vieillards dans des boîtes à conserver (et ici, il ne s'agit pas seulement de maintenir la décrépitude bureaucratique de Franco et Tito) est le même qui présida à l'invention de l'Être /substance/essence/fondateur des causes, cette "fiction

contribué à l'érection d'un monde dont elle-même, en fait, ne veut pas.

En effet, vouloir supprimer le moment de l'immédiat, le changement, n'est pas le supprimer. La science elle-même est l'expression inversée de ce moment, elle est la consumation qui s'ignore, elle est l'ivresse qui veut supprimer l'ivresse, elle est le délire d'un monde qui veut conjurer tout délire, elle est l'illusion qui veut arracher toute illusion, elle est l'anti-art de vivre.

Le mode de signification occidentale commence donc avec l'invention de l'Être raisonnable, doué de raison, de raisonnements logiques. Mais cette création n'était pas inscrite à l'origine du langage, elle n'était nullement nécessaire. Elle ne découle pas "logiquement" d'une extension de la pratique du langage parlé puisque la grande majorité des communautés humaines l'ignore. Par contre, cette création provient certainement d'une certaine pratique du monde, cette même pratique qui a introduit une certaine forme de séparation, un certain mode de celle-ci. Certes, d'autres sociétés vécurent la séparation, mais ils ne créèrent pas le même monde, la même société. Au surplus, comme je l'ai déjà dit, il est même abusif de parler de séparation comme concept, car il n'y a pas de séparation-en-soi, Il y a des séparations, qui ne peuvent d'ailleurs se comprendre que par elles-mêmes.

---

vide de sens" disait pourtant Héraclite, qui est le point de départ de la conceptualisation comme expression de la négation du devenir. Ce monde ainsi institué allait devenir une colossale boîte de conserve hermétique et stérilisée.

La séparation occidentale inaugure donc une certaine signification du monde qui permet, on l'a vue, de s'émanciper du rapport direct, vécu immédiatement dans le langage parlé, qu'entretien le son et la chose. De cette émancipation va surgir le signe comme valeur séparée, comme médiation. Mais cette médiation ne peut être satisfaisante quand au but recherché qui est l'échange vécu directement. De cette insatisfaction, de cette frustration, le signe va se voir contesté, interprété. La Raison, au sens platonicien c'est-à-dire au sens "commun", est l'expression de cette contestation qui s'exprime par: le signe n'atteint jamais la chose. En fait, en même temps que la signification naît la chose, c'est-à-dire la chose-en-soi, l'objet, le concept.

Cependant, la séparation représente essentiellement la séparation de l'homme et de son activité, de sa communauté, de sa vie. L'homme devient donc un sujet séparé d'un objet puisque le sujet est CE qui est séparé dé son activité et l'objet est ce qui est séparé de ses manifestations. On sépare donc la "cause" et 1'"effet" et on dit: "je pense, donc je suis." en créant la chose-en-soi, on crée du même coup le sujet-en-soi, c'est-à-dire un je, un moi qui est l'auteur de tout acte, "comme si, dit Nietzsche, l'auteur privé de tous ses actes pouvait subsister de soi-même". "Je est un autre" dit aussi Rimbaud. La véritable invention de la pensée séparée est bien le je mythique, catégorie grammaticale, le nom même de l'un, de dieu; signe fondamental qui institue tout un monde.

Nietzsche, encore lui, l'avait bien senti lorsqu'il s'exclamait: "*La raison" dans le langage, ah! Quelle vieille femme trompeuse! Je crains que nous ne nous débarrassions jamais de Dieu puisque nous croyons encore à la grammaire.*[63]"

La logique et la raison sont les deux mamelles de la signification occidentale. Toutes deux nourrissent les enfants de la connaissance séparée: le Sujet et l'Objet. Paradoxalement, la Logique commence aussi avec la critique du langage vulgaire, mais ignorant ses propres présupposés celle-ci ne pourra aller, sans risquer de se détruire, jusqu'à s'extraire du langage "commun". Pourtant, tel fut le point commun de toutes les philosophies, leur point de départ.

Socrate et ses épigones grecs commencèrent leur enseignement sur la base de la condamnation de l'"opinion commune", de la même manière, Descartes, tout comme

[63] La grammaire en tant que telle, n'est jamais honorée comme le sont l'Être, le Réel, l'Exactitude, la Rigueur, la Logique, la Démonstration, etc. ... pourtant, c'est de son culte secret ou inavoué que découle celui des divinités inférieures. Il n'y a jamais eu qu'un seul monde où pouvait régner sans partage la Régularité, la Loi et l'Ordre: la Grammaire. Il est en effet le seul monde où des signes sont des composants, des individualités "isolables", "distinctes", "définissable, "définies", "nécessaires", "composables et décomposables". Mais la grammaire en tant que Loi ne peut réellement acquérir son pouvoir que dans l'écriture. C'est dans l'écriture et dans la pratique de celle-ci, dans l'incroyable force de persuasion des signes écrits (la voix même de Dieu) et finalement de leur "tyrannie" que naîtra le premier Totem de la science moderne: le monde se cache dans nos signes. Ainsi, le signe "Régularité" fonde le monde régulier, le signe "Loi" fonde le monde légal de la Nature après le monde légal de la Cité et le signe "Ordre" fonde le monde ordonné. Le monde du signe, le monde du concept, devient le seul vrai. Le monde comme la société doit être légalisé, banalisé. Tout y doit être isolable, décomposable et composable, distinct, défini, nécessaire.

Morin récemment, cherche la méthode. Il cherche l'instrument infaillible qui doit résister, non seulement à l'érosion du temps et à la contradiction, mais aussi qui doit permettre de "s'affranchir" du désordre du langage. C'est pourquoi, Descartes, futé, sépare la "raison" du "langage" afin de lui permettre de ne plus être qu'un "pur être pensant", débarrassé de toute émotion, de toute passion, de toute sensibilité contingente et de tout préjugé.

Leibniz aussi voudra se débarrasser du langage naturel et inventer "la lingua characteristica universalis" dans le but d'effectuer le "calcul ratiocinator" à partir d'une systématisation mathématique du syllogistique aristotélicien.

Spinoza, lui-même – mon préféré pourtant, et de loin –, ne veut pas reconnaître, afficher crûment ses désirs et ses passions pour ce qu'elles sont, il les enveloppe de sa *more geometrico demonstrata*. Mais la rigueur qu'il déploie pour imaginer son extraordinaire Nature/Dieu, n'est que l'expression rigoureuse de ses désirs, leur violence désinvolte.

La volonté de rigueur est toujours l'expression du renoncement, du refus de vivre complètement. La rigueur c'est la morale qui s'ignore. La rigueur logico-mathématique est toujours le Dieu caché de la science. Elle est la matérialisation par le signe de l'antique dieu d'Israël et des dieux déchus de l'Olympe. Mais ce dieu caché n'est plus l'expression d'une communauté, d'un peuple. Il nous devient étranger, séparé, inhumain. Il n'est plus Dieu-pour-nous, il est devenu Dieu-en-soi.

La volonté de rigueur est la violence fondamentale de notre civilisation. Elle est l'expression de sa peur panique devant le devenir. La séparation de l'Épistémè et de la Doxa inaugurée par Socrate-le-monstre introduit cette violence du verbe, violence de l'Épistémè qui n'est pourtant que l'opinion de ceux qui décrétèrent la guerre à l'opinion et au sens commun.

La volonté de résoudre le monde à la rigueur logique, cache donc l'impuissance fondamentale d'un monde à vivre l'"illogisme" et à l'assumer comme tel, à le désirer même. Cette impuissance à reconnaître le caractère "contradictoire", c'est-à-dire non réductible, de toute vie à conduit, depuis l'affirmation sophiste suivant laquelle l'"homme est la mesure de toute chose", à éliminer l'homme de toute mesure.

Éliminer l'homme, trouver la méthode absolue qui le remplacera, inventer l'Observateur du monde, imaginer le "non-lieu" de l'observation telles furent les premières affirmations de l'humanisme naissant des sophistes et tels furent les crédos de l'Occident qui reprend son "cours" à partir de la Renaissance, ce "Entzauberung der Welt" comme le disait Weber, après dix siècles de répit.

Purifier l'homme de toute passion en le soumettant au monde séparé de la connaissance, de la méthode dialectico-logico-mathématique elle-même purifiée de tout recours à l'intuition. Et même si Kant voudra recourir à l'intuition et la reconnaître pour justifier la possibilité d'effectuer des "jugements synthétiques a priori", ce ne sera que pour mieux vouloir soumettre le monde à l'"impératif catégorique" de la vieille morale chrétienne.

La science est la pratique religieuse de l'Occident. Elle est l'autel de son sacrifice où le sacrifié est l'homme lui-même et où le grand prêtre s'appelle dialectique. Comme le commissaire du "Zéro et l'Infini" de Koestler qui interroge l'oppositionnel et qui lui répète le nom de son dieu pour lequel son prisonnier doit mourir: "DIA-LEC-TI-CA, DIA-LEC-TI-CA!

Pourtant, au cours de ce siècle, différentes tentatives ont été faites pour montrer les "limites" de la logique, formelle et symbolique. Le mouvement amorcé par Gödel est, me semble-t-il, la première tentative de réflexion sur la valeur sociale de la logique. Cependant, celui-ci n'a pas vu que cette valeur est précisément la valeur de notre monde, celle qui lui a donné toute sa signification. Aussi n'a-t-il fait que montrer limites de la logique à l'intérieur de la logique elle-même, et au nom même du logicisme. Il n'a fait que définir la possibilité d'une métalogique, semblable en cela à un de ses disciples, René Thom, dont la tentative se traduit par la volonté de montrer d'une manière rigoureuse, et à l'aide de l'arsenal mathématique le plus sophistiqué, l'"insignifiance" de la rigueur.

C'est la même démarche qu'a suivi Morin dans sa quête fébrile d'une méthode absolue, d'une méta-méthode – le délire conceptuel dont il fait preuve dans son ouvrage "La Méthode" n'empêche pas qu'il ne fait que tourner en rond, prisonnier du tourbillon dans lequel il s'est lui-même plongé, Maelstrom sans fond à "boucles récursives" lequel, loin de lui donner l'ivresse des profondeurs l'enchaîne à la superficialité de son discours circulaire – d'une "métalangue" dont il pense s'extraire mais qui la rejoint toujours au moment même où il pense s'en être dessaisi.

Morin n'admet la contradiction que dans le vain espoir de mieux la circonscrire dans une "méta-construction" qui engloberait tout, et même davantage. Discours totalisant et totalitaire malgré son apparence et qui n'aboutit qu'au déplacement de la contradiction, celle- là même de l'algèbre de Boole (le paradoxe de l'ensemble des ensembles), celle de Popper (aucun système d'information ne peut incorporer en lui-même une reproduction à jour de lui-même qui comprenne cette représentation) et le paradoxe de Kierkegaard suivant lequel toute construction logique par le sujet pensant s'exclut lui-même dans les instants de cette construction de la construction même, par conséquent il ne peut que se tromper sans cesse en voulant définir un sens au devenir qui ne l'inclut jamais.

Mais l'activité de connaissance séparée ne peut reconnaître comme principe de vie assumée, la "contradiction", sans se nier elle-même. Partie à la recherche de l'UN, de l'ÊTRE, elle ne peut que refuser de s'admettre vaincue à chaque moment par le multiple, par le devenir et par l'immédiat et partant, elle s'exclue elle-même de l'existence assumée.

Pour connaître, nous avons inventé un monde de choses fixes, comme l'astronomie médiévale qui opposait le monde sublunaire, impur et inconnaissable car voué au démon du devenir, à la "sphère des fixes" éternellement semblable à elle-même, monde divin donc connaissable car immuable, éternel et non soumis au désordre du devenir qui lui est, par définition, inconnaissable.

La science moderne elle, en s'immisçant partout, a dû postuler que l'ensemble du monde était déterminé, donc fixe dans sa légalité. En abaissant Dieu sur la terre, elle est devenue elle-même Divine. Déesse ordonnatrice, vindicative, supprimant tout devenir et punissant tout péché d'immédiateté, la science comme le dieu est partout et veut tout savoir; "Est-ce vrai que le bon Dieu est partout? demandait une fille à sa mère. Je trouve cela bien indécent.[64]" Mais la science est bien plus qu'une voyeuse universelle, elle est la police de nos mœurs.

La science ne reconnaîtra jamais, sans se saborder elle-même, le devenir du monde, c'est-à-dire son absolue imprévisibilité. A chaque fois qu'elle prétend le reconnaître, c'est immédiatement pour l'incorporer dans ses buts et pour en prévoir le sens, ce qui revient à le nier. Mais le monde continu, devient, advient, et la science séparée ne se voit jamais elle-même en train de suivre le devenir du monde, c'est pourquoi elle est toujours en retard sur la vie, dont elle cherche désespérément à prévoir la route, et qu'elle continue à interpréter et à réinterpréter sous l'angle du mythe de la nécessité.

Ainsi, au lieu de vivre le devenir, de l'assumer, elle prétend toujours s'en exclure afin de satisfaire son désir de le modeler à la mode de ses tristes présupposés.

Elle prétend, tout comme Socrate à la fin du Banquet, rester toujours éveillée tandis que tout le monde tombe sous le charme de l'ivresse du vin. Elle ne veut jamais s'abandonner au devenir, du moins le prétend-elle, qui la fonde. Elle est

[64] Nietzsche, *Le Gai Savoir.*

l'ascèse moderne qui préfère au vin, le goût amer de la logique-cigüe. Comme la religion chrétienne, elle est le mensonge de la signification occidentale du monde qui ne dit jamais ce qu'elle fait et ne fait jamais ce qu'elle dit. Elle veut ignorer les présupposés "illogiques" qui l'amenèrent à postuler l'existence d'un monde logique. Le scientifique, comme le philosophe et le prêtre, n'est "rationnel" que dans l'espace confiné de son laboratoire et dans ses tristes moments de réflexion séparée. Mais dès qu'il revient à la vie, il tombe, comme tout un chacun, comme le simple "vulgaire", sous les multiples charmes de l'existence, de l'immédiat, de l'indicible, du changement, et des premières rondeurs qu'il croise. Comme Kant-le-prude il tombera sous les charmes "immoraux" de sa cuisinière, Il cache ses "péchés", il les ignore car ils contredisent continument l'ordre qu'il prétend découvrir. Telle est l'ignorance fondamentale de la connaissance séparée. Ignorance, qui ne doit être reconnue car elle signifierait la fin de notre monde, car elle serait la fin de la signification que nous lui avons donnée, et la fin de nos dieux que nous avons cachés, pour reprendre un mot de Manuel de Diéguez, dans le tissu de notre langage[65].

---

[65] S'il ne restait plus qu'un seul argument pour défendre la psychanalyse contre la logique réductionniste symptomatique de la psychiatrie mondiale du DSM: un syndrome, une pilule, c'est bien celui de la reconnaissance de l'ambivalence des sentiments, des désirs, de la tension interne permanente qui constitue la vie de tout être humain, bref de la vie qui bout en lui et qu'il doit constamment, à la fois contenir et satisfaire dans une contradiction de tous les instants pour, comme le demandait Spinoza, persévérer dans son existence. La psychanalyse bien comprise est certainement la seule bonne nouvelle depuis l'invention du savoir séparé de la vie.

VII – ÉPILOGUE: LA SCIENCE MISE À NU PAR SES CÉLIBATAIRES MÊME

Après vingt-cinq siècles de philosophie, c'est-à-dire vingt-cinq siècles d'un mode de connaissance et donc d'un mode de vie, voilà où nous en sommes. La nature nous a joué un tour. Non seulement elle ne sait pas plier à nos désirs, mais au surplus, plus on la "torture" comme le disait le vieux Bacon, pour lui faire avouer tous ses secrets, plus on pénètre profondément dans la "matière pensante" à la recherche de nos signes, des signes de nos cités, comme pour y trouver la confirmation, la vérité de notre raison, plus cette nature se complaît à nous bafouer; et c'est bien ce drame que vit la physique contemporaine et qui se répercute dans toutes nos activités de connaissance.

Depuis vingt-cinq siècles, nous avons inventé un monde qui était la réplique exacte de notre monde social, du moins de ceux qui s'en considèrent les maîtres. Les signes que nous avions créés dans la cité, nous les avons projetés dans une nature qui nous était dès lors devenue étrangère. Le monde ainsi envisagé, devait nécessairement ressembler à nos cités. Nous lui avons signifié, intenté, un long procès que nous avons finalement perdu puisqu'il s'avère que le mouvement même qui avait commencé par l'institution du monde ordonné, logique, soumis à l'autorité et à la justice et garanti par les dieux et qui était une réplique au désordre de nos cités, a fini par nous renvoyer l'image de ce même désordre.

Nous n'avions donc jamais mis dans ce monde que les signes "de la parole cyclopéenne", c'est-à-dire, nos propres signes.

Dès lors, il ne fut pas difficile de s'"étonner", jusqu'à il n'y a pas encore si longtemps, de l'adéquation du monde et de notre pensée, puisque cette adéquation est précisément le premier principe, le point de départ de la philosophie, et de l'activité de connaissance occidentale. L'étonnement d'Einstein, qui devait être à son époque un des derniers du genre: "Le mystère du monde le plus incompréhensible est qu'il soit compréhensible" n'est que l'étonnement du constructeur de miroirs qui se surprendrait toujours de ce que ceux-ci réfléchiraient sa propre image. Notre connaissance commence avec le postulat de la compréhensibilité du monde. Il n'y a donc pas lieu de s'étonner que celui-ci fut ordonné, logique, autoritaire, juste, etc. puisque c'est précisément ce monde-ci que nous étions en train de construire.

Mais qu'est-ce qui a fait malgré tout le succès de la science? N'est-ce pas quand même qu'il y eût quelque adéquation entre les signes de notre pensée, notre logique, nos nombres, nos lois, et le monde lui-même pour qu'il se laisse ordonner, manipuler si facilement? Car enfin nos cathédrales, nos empires, nos bombes, nos fusées! N'avions-nous pas malgré tout discerné quelque ordre dans la nature, quelque régularité, quelque constance, quelque loi, quelque principe? Oui certes! Nous avions.

Mais aujourd'hui, qui peut parler de régularité, de constance, dans un univers en expansion? Qui peut parler de lois, donc de prévisibilité dans un monde en perpétuel changement? Car de deux choses, l'une, si le monde est en devenir, on ne peut arguer d'aucune loi et au contraire, si lois il y a, elles existent de tout temps et alors il n'y a pas de changement, tout a toujours été et alors les postulats qui ont fait la gloire de la science mécanique restent valables.

Mais qui peut aujourd'hui distinguer quelques principes de base sur ce que nous avions appelé matière, à partir de particules ou d'états (on ne sait pas au juste) dont la durée d'existence n'excède pas 10^{-27} secondes? Qui peut encore parler de lois en anthropologie à moins de postuler que la société humaine, la socialité serait une exception.

Si le monde est en devenir, nous n'avons d'autre choix que de reconnaître qu'il n'y a pas dans l'univers d'autres mécanismes que ceux que nous avons forgés et qui demandent d'ailleurs un entretien permanent de notre part: un mécanisme suppose un horloger.

Certes, nous pouvons bien remettre en cause le fait qu'il existe une organisation-en-soi de ce que nous appelons le "réel" et qui s'imposerait à nous d'une manière nécessaire. Nous pouvons bien aussi dire qu'il n'y a pas de questions qui surgissent d'elles-mêmes et qui aient un sens hors de nos présupposés baptisés principes, mais on continue malgré tout à penser, et surtout à agir selon le principe que le monde aurait l'étonnante propriété d'être organisable, alors que ce que nous avons finalement appelé le monde organisable, n'est issu que de l'apparente réversibilité de la nature et qui découle évidemment de sa relative monotonie à l'échelle humaine. Mais "que l'on change l'échelle du temps, disait Einstein, et l'on verrait les étoiles danser dans le ciel". N'est-ce pas finalement cette relative monotonie qui a pu assurer non seulement notre savoir mais aussi la rentabilité organisationnelle de la science qui n'est donc en définitive qu'un autre mot pour désigner nos Lois, notre Autorité dans la cité.

En ce sens, le monde peut bien, provisoirement à l'échelle de nos générations, se prêter à n'importe quelle loi que nous lui attribuons, à n'importe quelle organisation que nos théories décideraient de lui imposer, bien que ce ne soit jamais au monde en tant qu'extériorité auquel ces théories s'adressent, mais bel et bien à nous, hommes de la cité, à notre monde socialement institué; chaque loi de la nature que nous imaginons est effectivement une loi sociale non pas seulement en ce qu'elle est un reflet de notre mode de vie et du mode de connaissance qui lui correspond et que nous avons mis en œuvre, mais aussi en ce que chaque loi nouvellement introduite à des répercutions plus ou moins immédiates sur notre vie sociale.

Mais ces lois que nous imaginons, sont comme le monde, elles sont en devenir, c'est pourquoi elles ne demandent pas, contraire- ment à ce que beaucoup croient encore, un réajustement au fur et à mesure que nous progresserions vers le savoir total, vers une mythique adéquation totale entre leur formulation et leur "être" véritable, elles changent bel et bien continuellement.

La conception critique de la science dont Kant est le principal protagoniste peut effectivement poser que les "lois de la nature" doivent, dans la formulation que nous en faisons, changer, mais elle postule dans les mêmes temps l'existence de véritables lois, de lois-en- soi de la nature qui seraient posées définitivement, au même titre que la table des catégories de la raison théorique, et donc considérées comme virtuellement (ou Kant dirait phénoménologiquement) identiques à l'organisation même de la pensée scientifique. Cette conception ne dé- passe en rien la pensée grecque et réintroduit donc le mythe de la caverne dans laquelle les ombres kantiennes s'appellent phénomènes. Mais comme le disait Zarathoustra: "*Comment verriez-vous vos ombres s'il n'y avait derrière votre épaule, un soleil?*" Ne faudra-t-il pas simplement se retourner?

Mais depuis 25 siècles nous avons délibérément choisi de rester dans l'ombre, de vivre dans l'ombre, effrayés que nous étions du soleil et des caprices des saisons. Vivant ainsi, et n'apercevant plus nos ombres, nous avons imaginé un ersatz de soleil que les grecs baptisèrent Épistémè et qui aurait au moins, lui, l'heur de nous obéir. C'est ainsi que la violence du savoir commença, expression de notre ressentiment devant le devenir. A l'inévitable devenir du monde nous allions opposer la violence de la Rigueur.

Ainsi naquit, au fin fond de la caverne, le monde "réel", en opposition au monde apparent que nous donne nos sens et qui s'était avéré être la source de tous les maux de la cité. Les sens ne sont que caprice du moment, ils nous donnent du monde une vision faussée par nos émotions: il faut les condamner! Telle fut la première sentence, la déclaration tonitruante des hommes de la caverne. La condamnation des sens fut la première violence fondamentale des hommes du juste savoir qui s'était retiré de la cité, provisoirement, pour panser ses blessures.

Les sens ne nous donnent que l'opinion. La condamnation de l'opinion fut la deuxième sentence rendue par les hommes d'Épistémè. L'opinion ne nous conduit qu'au désordre: or la cité à besoin d'ordre. L'opinion est multiple, changeante, confuse, incapable de fournir des fondements d'une connaissance nécessaire... au bon fonctionnement de la cité et de ses institutions. C'est ainsi que les hommes candidats à la médecine sociale inventèrent une opinion, la leur, qui avait par définition la singulière propriété de na pas être une opinion mais une Vérité. C'est pourquoi, dès lors que les philosophes parlaient, ils ne donnaient jamais leur "opinion", ils pénétraient directement ce qu'ils appelèrent l'"essence" des choses, son "idée", et bien entendu ceci à force de loi, car la violence que les philosophes se faisaient à eux-mêmes en condamnant leurs sens ils l'imposèrent progressivement à tout le monde. Le monde sensible est le mal et l'opinion n'est pas légale: voilà ce qu'ils firent graver en effigie sur les portes des cités. Et ils créèrent l'"Académie", le "Lycée", le "Portique" où ils recevaient les grâces de 1a déesse "Raison"

Aujourd'hui, les hommes du triste savoir, se font moins arrogants et plus discrets dans leurs affirmations. Depuis le début du siècle de revers en échecs, ils ont bien été contraints de voir que leur connaissance avait failli à sa tâche: "d'assurer, selon Descartes, le bonheur de l'humanité", cette même tâche qui, on le croyait encore il n'y a pas encore si longtemps, devait être l'affaire de quelques générations.

Ainsi, certains d'entre eux, et non des moindres, ont bien fait état du constat d'échec, d'autres plus rares, mais d'autant plus méritants passent directement aux aveux, ainsi W. Heisenberg, le fondateur de la mécanique quantique et des "relations d'incertitudes" (ce qui déjà, en physique, résonnait curieusement, et qu'Einstein, on le sait ne s'est jamais résolu à admettre) s'exprime ainsi dans "Physique et Philosophie":

"*Une des caractéristiques les plus importantes de l'évolution et de l'analyse de la physique moderne, c'est le fait que les concepts du langage normal, avec leurs définitions vagues, semblent plus stables, au cours de l'expansion de la connaissance, que les termes précis du langage scientifique, lesquels sont une idéalisation portant seulement sur un groupe limité de phénomènes. Ce n'est pas surprenant, puisque les concepts du langage normal sont fournis par le contact direct avec le réel: ils représentent la réalité. Il est vrai qu'ils ne sont pas bien définis et qu'ils peuvent donc subir des changements au cours des siècles, exactement comme la réalité elle-même, mais ils ne perdent jamais le contact direct avec le réel.*" (C'est moi qui souligne).

Or, si la "réalité" change, ce qui veut dire que le monde est en perpétuel devenir, il n'y a en fait plus de "réalité", plus de monde "réel" puisque le postulat qui le fonda, et qui fonda tout le mode connaissance occidental reposa sur la croyance: "*indémontrable* (comme le disait B. d'Espagnat) *bien entendu, mais acceptée comme évidence, en une réalité physique définie* (C'est moi JJ qui souligne) *une fois pour toute qui existerait même s'il n'existait aucun observateur et qui, d'autre part, est inaccessible* (selon la conception critique) *à la recherche, à la connaissance quantitative et au calcul* (ce qui justifie la métaphysique kantienne)".(Les parenthèses à l'intérieur de la citation sont de moi.)

On voit donc, que le "réel" dont parle Heisenberg n'est pas le réel que la philosophie avait inventé il y a vingt-cinq siècles et que la physique, y compris encore la physique moderne dans son immense majorité honore encore religieusement. Ce réel dont il parle est bien le seul que nous ayons jamais connu, malgré les assertions des philosophes; il est bien le seul monde, (non pas pour nous, comme pourrait dire les critiques, car le "pour nous" est évidemment de trop puisqu'il suppose "une réalité physique définie une fois pour toute"), un monde inaccessible puisque nous en sommes à la fois issus et nous y sommes inclus.

Nous sommes du monde, de la nature. L'immanence spinozienne est la seule voie possible pour que nous envisagions de se réconcilier avec lui. Le monde tel qu'il nous apparaît, tel que nos sens le perçoivent est le seul vrai. Le monde "apparent" est le seul, dit Nietzsche. Le monde "vrai" n'est qu'un mensonge qu'on y rajoute..."

Mais reconnaître ceci, pour les scientifiques serait inévitablement scier la branche sur laquelle ils sont perchés depuis si longtemps; ce qu'ils font d'ailleurs quotidiennement sans s'en apercevoir.

Ce serait reconnaître explicitement que "nos sens ne mentent jamais" (Nietzsche) et que même nos concepts les plus sophistiqués n'en sont qu'un prolongement puisque nos instruments les plus complexes réclament de toute façon leur jugement dernier, lequel jugement montre bien le devenir, l'impermanence, le changement.

Mais alors, d'où nous viendrait notre conception du stable du permanent, du défini?

Elle vient précisément de notre croyance au concept même, c'est-à-dire de notre croyance en la permanence de nos signes.

Cette croyance, tient certainement de l'usage que nous faisons du langage, ou plus précisément de l'écriture, qui a dû postuler, dès son origine, au moment même où le signe prend corps, à la permanence de celui-ci. Autrement dit, la permanence, en tant que négation du devenir fonde la signification en tant qu'objectivation du signe, et le sens, en tant que permanence de ce signe ainsi objectivé. A cet égard, il apparaît comme une hypothèse forte probable que l'institution de la permanence par le signe trouve son origine dans les cultes des ancêtres associés aux différents rites mortuaires.

La première forme de négation du devenir est très probablement la négation de la mort par l'institution de la continuité de la "vie" dans un ailleurs. Cet ailleurs, s'il a pu être matérialisé dans le totem, l'animal ou la plante, ou encore dans les os même du défunt comme en Chine, ne doit pas, par définition subir l'érosion du temps. Ainsi, le meilleur "ailleurs" imaginé pour instituer la pérennité fut certainement le langage écrit. En effet, même si le signe gravé subit en tant que matériau, le devenir, le signe institué par l'écriture devenait "éternel", puisque reproductible, identique à lui-même par les générations successives. L'usage de l'écriture est en effet tel, que nous ne nous apercevons jamais du glissement de sens du signe – glissement qui n'est que la manifestation du devenir du monde – au moment même où nous pensons le fixer dans la représentation gravée ou imprimée. Ainsi, de même que nous ne pouvons nous voir vieillir, nous pensons, par la signification, nous extraire du temps. C'est précisément ce que veut dire l'adage: "Les paroles passent, les écrits restent".

Est-ce à dire que notre science n'a aucune valeur? Certes, elle n'a pas de valeur en soi, puisque la valeur n'est qu'un signe de l'échange social institué, et que l'être, l'en-soi, n'est que le signe de sa permanence. Notre science, notre mode de connaissance n'a donc que la valeur sociale que nous lui accordons, et que nous avons construite si laborieusement, si douloureusement en nous faisant sans cesse violence. La science, comme la monnaie, repose donc sur le fétichisme des signes et sur l'accord social qui le fonde. Mais celle-là, tout comme celle-ci sont à la merci d'une indiscrétion et d'une "crise de confiance" dé-signifiante.

Ce n'est peut-être pas demain que nous verrons les scientifiques et tous les tenants du savoir séparé se jeter par les fenêtres de leurs laboratoires, comme on avait vu les banquiers de Wall Street le faire au moment du grand crash de 1929, au lieu de jeter leurs misérables signes obsolètes, mais ce n'est pas une chose impossible. La violence de leur croyance est telle, et cette violence se manifeste d'abord par celle qu'ils se font à eux-mêmes en reniant continument le devenir que leurs sens ne manquent pourtant pas de leur indiquer, et qui est à l'origine de leur angoisse et de l'angoisse qu'ils ont fini par transmettre à leurs contemporains, qu'ils préfèrent encore se donner la mort que d'abandonner leurs dieux et leur "daemon" socratique.

Mais alors, la société humaine, puisqu'il nous faut dès lors abandonner l'univers statique des concepts rigides, n'est pas plus saisissable, comme objet de connaissance séparée. Il n'y a pas de chose, de substance/essence/cause, qui s'appellerait société et qui serait saisissable en dehors de ses manifestations, à moins de postuler que ces mêmes manifestations sont prévisibles, ce qui revient à nier le devenir.

La société humaine, ou plutôt, les sociétés humaines, puisqu'il me semble illusoire de rechercher l'"être" société à travers ses différentes manifestations ethnologiques – ce que recherchaient d'ailleurs les structuralistes mais pas seulement eux – ne peuvent pas plus être solidifiées que le cycliste de Poincaré sous l'empire d'une quelconque géométrie euclidienne ou en référence à une logique quelle qu'elle soit, puisqu'aucune logique ne peut penser le mouvement, le continu, le devenir, du simple fait qu'elle ne dispose que de formules que pour ce qui demeure identique à soi-même.

Aucun des maîtres-concepts que nous avons imaginés n'échappe à la solidification.

L'Histoire par exemple, en tant que concept implique nécessairement, dès lors qu'elle est pensée ainsi, une chose, quelque chose comme un rouleau qui se déroule dans le temps, c'est-à-dire un objet qui préexiste avant même que l'évènement n'advienne. L'Histoire est alors la substance/cause de l'évènement. Sinon, comment peut-on parler de l'histoire. L'Histoire est le jugement dernier dit Hegel, tout comme le Dieu. Et Marx dira que "ce sont les hommes qui font leur propre histoire, sans qu'ils en aient conscience" (sauf Marx, bien sûr).

Mais dire que nous faisons l'histoire, est-ce la même chose que dire que les hommes font leurs outils? Certes non! Car faire l'histoire implique déjà dans la proposition, la préexistence de l'histoire avant même que les hommes ne la fassent puisque Marx, à la suite de Hegel a pu en "découvrir" les lois nécessaires. Par conséquent, les deux propositions sont identiques.

Mais si nous ne faisons pas plus l'Histoire que l'Histoire ne nous fait, comment pouvons-nous penser notre passé, en perpétuel devenir, puisque en constante réinterprétation de sens, réinterprétation qui se renouvelle à la lumière même du devenir vécu? Ainsi, il y aurait même une histoire de l'histoire, et cette histoire elle-même est indéterminée.

Nous n'en finissons pas d'interpréter les évènements qui eurent lieu, en Grèce antique, pendant la féodalité, (Qu'est-ce que la Féodalité?), dans les villes d'Akkad et de Sumer, nous n'en finissons pas de nous demander ce qu'est le capitalisme, par exemple. Ce que nous pensons des différentes époques, et même de l'époque précédente, ne cesse de se modifier. On pourrait ainsi écrire une histoire des interprétations de l'histoire, mais cette histoire elle-même comme concept solidifié nous échappe encore, car l'histoire de ces interprétations est encore elle-même soumise au devenir et aux réinterprétations.

Notre passé est un continuum d'événements insaisissables, ce n'est pas un objet que nous savons faire. Nous ne savons pas davantage "faire" un "événement".

Les matérialistes croient à la nécessité de l'histoire, tout comme les idéalistes d'ailleurs. Cependant, ni les uns ni les autres ne se soumettent jamais à leurs croyances; ils ne croient jamais réellement à ce qu'ils disent. Les uns comme les autres "travaillent" la nécessité pour qu'elle aille dans le bon sens, le leur. Ils pensent sans cesse, au cours du "déroulement" de l'histoire, affiner leurs concepts, alors que ce sont leurs concepts même qui tombent en désuétude puisqu'ils partent du postulat qu'on a pu déterminer ou "découvrir" les lois de l'histoire" et ses concepts fondamentaux à un certain moment de l'histoire.

Les uns et les autres ont beau dire qu'ils connaissent le sens de l'histoire et ses déterminations, pourtant, aucun ne se résigne à tomber sous l'empire de la sacro-sainte nécessité. Celle-ci ne leur sert qu'à invoquer leurs desseins, qu'ils ne peuvent d'ailleurs que "réajuster" puisque personne ne peut prévoir que ce soit. Si tel était le cas, la question serait réglée depuis longtemps.

Penser le devenir, c'est déjà, bien sûr, le nier puisque dans ce moment, il faut penser qu'il s'arrête pour mieux le cerner. Cependant, on ne peut pas davantage s'arrêter pour penser le mouvement que s'arrêter de vieillir pour se regarder vieillir. C'est pourquoi, disait Kierkegaard, "toute construction du passé, par le sujet pensant, s'exclut lui-même dans les instants de cette construction, de la construction même, par conséquent il ne peut que se tromper sans cesse en voulant définir un sens au devenir qui ne l'inclut jamais."

Toute la pensée séparée est tombée dans le piège puisqu'elle croyait, à chacune de ses constructions, avoir enfin "résolu l'énigme de l'histoire" (Marx). Ainsi, le concept de rupture ou de révolution, ou de saut qualitatif a servi d'accoucheur de la vérité de l'Être historique. Je ne dirai rien ici que de trop évident sur le système tautologique hégéliano-marxiste: je préfère illustrer ce que j'avance par la thèse de T.S. Kuhn: La structure des révolutions scientifiques, qui est aux sciences de la nature ce que le marxisme est devenu aux sciences humaines. Khun introduit le concept de "changement de paradigme". Ce concept lui sert à montrer la nécessaire évolution de la "science normale" et de sa continuité à travers chaque changement de paradigme. Ainsi, son concept ne lui indique pas que le devenir est imprévisible - chaque changement de paradigme est nécessaire - mais au contraire, il lui sert à prévoir une construction, une "structure", qui se transmet à travers les "ruptures". Autrement dit, Kuhn a trouvé l'"Essence" d'un "Être" scientifique qui se transmet à travers l'histoire de la science.

Ainsi, ces révolutions, comme d'ailleurs toutes les révolutions – ce mot étant entendu comme concept – loin d'exprimer le devenir, ne signifie qu'un tour de plus du même, en l'occurrence de la science, qui nous reviendrait sous une forme dite "supérieure". Mais peut-être y a-t-il quelque chose à retenir de ce point de vue.

Si je ne nies pas le caractère imprévisible du devenir, ce qui est en quelque sorte sa définition, il est par contre aisé, en ce qui concerne par exemple la science, en tant que mode de connaissance occidentale, d'y voir, dans con évolution, et *a postériori*, certaines constantes, qui ne sont pas, comme le croit généralement, les constantes éternelles du Sujet-Science, mais bien l'expression de notre référence aux mêmes mythes, lesquels ont été institués comme je l'ai noté précédemment, il y a vingt-cinq siècles.

Ce sont ces mêmes mythes qui sont contestés, les uns après les autres, depuis le début du siècle, c'est-à-dire paradoxalement, au moment même où ils semblaient acquérir la plus grande force de référence dans la société, et où ils devenaient de jour en jour l'objet de la plus grande vénération, tellement on croyait à leurs oracles.

Aujourd'hui, la science qui se voit contestée de toutes parts, et en particulier, par ceux-là même qui en étaient les promoteurs les plus impliqués, les grands-prêtres les plus prestigieux, se trouve acculée à devoir prouver sa valeur; elle se retrouve sur la défensive, elle qui, pendant des siècles avait régné en maîtresse absolue des significations.

Mais, comme le disait Nietzsche, "ce qui a besoin d'être prouvé ne vaut pas grand chose". En cessant d'être le point de référence sans conteste, pour vivre le monde, pour vivre la société, la science perd toute sa valeur. Car un mythe, pour avoir une valeur sociale, ne doit pas avoir besoin de prouver sa vérité, puisque celle-ci est précisément la vérité de la société qui l'institue. La vérité d'un mythe est dans son acceptation sociale, en tant que création d'un monde, d'une société, d'un rapport.

En effet, la première croyance en la science, celle qui l'a fondée comme valeur, n'était pas, comme d'aucuns aujourd'hui s'ingénient à le prétendre, basée sur l'espérance en la maîtrise d'un "réel" extérieur, "réel" d'autant plus illusoire, qu'après vingt-cinq siècles celui-ci ne cesse de s'évanouir dans la "poussière" des cyclotrons, la première croyance en la science relevait de ce qu'elle se plaçait candidate à résoudre les maux de la cité, à assurer le bonheur de l'homme.

De Platon à Auguste Comte, en passant par Bacon, Descartes, Leibniz, Kant, la science n'a cessé d'affirmer, de promettre, tout comme n'importe quel mythe, le bonheur de l'homme, beaucoup de scientifiques et surtout beaucoup de non-scientifiques, les fidèles de la science, en sont encore persuadés.

C'est d'ailleurs pourquoi, la première tentative d'unification des mythes de la science sous la houlette d'une théorie générale de la société: l'hégélianisme puis le marxisme, a pu rencontrer le succès que l'on sait et est finalement devenue la signification officielle du monde pour une grande partie de l'humanité.

Le marxisme a pu rencontrer le succès, non pas en tant que théorie ou en tant que méthode, mais bien parce qu'il était à la fois une Weltanschauung, une morale, une connaissance, une catharsis. Bref, le marxisme unifia ce qui était, dans l'occident chrétien, né séparément: la morale et le savoir; séparation qui fut soutenue par les philosophes depuis le Moyen-âge et qui trouve son apothéose théorique dans la philosophie de Kant, qui sépare bien la raison pratique armée de son impératif catégorique de la raison théorique pourvue de la table des catégories.

Le marxisme fut l'unification de la raison pratique et de la raison théorique, ce faisant il devint un vrai mythe, un mythe complet. Mais il était trop chrétien pour pénétrer le monde chrétien, pour en devenir le mythe.

Par contre, les sociétés décomposées par l'occident depuis des siècles de spoliation purent s'emparer du mythe occidental unifié. La "république prêtre", comme ne croyait pas si bien dire Marx en parlant de la bureaucratie, qui veut tout, qui est à la fois tout le savoir et toute la morale, cette même bureaucratie, animée partout par des intellectuels dûment diplômés des universités occidentales, de Lénine à Pol Pot, put ainsi imposer le mythe nouveau, ferment de la transformation et de l'institution sociale, tandis que là où il était né, le même mythe ne put s'imposer, du fait qu'il ne s'appuyait que sur les anciennes croyances.

La "vérité" du marxisme comme mythe réside donc dans le fait qu'il est devenu celui de la bureaucratie partout ou elle a pu s'imposer, et celui des intellectuels occidentaux brimés par le fait que leur savoir n'est pas devenu leur pouvoir.

Certes, le mythe unifié de la science et de la morale aurait pu avoir des chances de succès en Occident, dans la première moitié du siècle, alors que la science bénéficiait encore du plus grand prestige. Mais aujourd'hui, alors que les "indiscrétions" se multiplient et que le mythe s'évapore, ni le mythe unifié, ni la science fragmentée qui fébrilement cherche à s'unifier, ne peuvent espérer prétendre constituer une nouvelle fondation sociale.

Le mythe unifié n'a pas plus guéri les maux de la cité que la science fragmentée par l'ancienne religion. Comment alors pourrait-elle parvenir à trouver une autre voie d'unification de ses différents mondes au moment même où elle remet en cause ses présupposés ancestraux et qu'elle s'interroge sur ces fondements? Comment unifier des concepts auxquels on croit de moins en moins?

Que le moindre E.O. Wilson (cf."*La Recherche*" n°98) se dresse, et il est aussitôt ridiculisé par ses propres collègues; pourtant ce qu'il affirme est on ne peut plus scientifique, ce que certains nomment les élucubrations freudiennes à côté font figure de pantalonnades. On ne peut même pas dire que le courant actuel, qui, un peu partout dans les milieux à la mode tente d'unifier le "réel" et qui part à la recherche du Graal méthodologique (cf. Morin), soit accueilli avec un enthousiasme délirant.

Au contraire, tout le monde semble se méfier de toutes les tentatives de totalisation qui semblent trop rappeler on sait quoi. Pourtant, personne ne se satisfait de la situation présente où ceux qui croient encore à l'atome de Rutherford et même à la particule aussi "charmée" soit-elle, voire aujourd'hui au Bozon de Higgs, sont les mêmes que ceux qui n'y croyaient pas il y a quelque cent ans. Les scientifiques les plus avisés, c'est-à-dire les plus désabusés de leurs certitudes savent qu'ils posent de plus en plus de questions et résolvent de moins en moins de problèmes.

Mais ne plus croire à 1'Être/Substance/Cause éternel et transcendant ou, ce qui revient au même, ne plus croire à UN quelconque concept éternel qui perdurerait à travers les vicissitudes du devenir, ne plus croire aux mythes qui ont présidé au développement d'une civilisation ne doit pas être considéré comme un mépris pour tout mythe. Je suis au contraire convaincu qu'aucune société ne peut se constituer, s'instituer, sans l'invention d'un mythe qui marque sa propre signification de son rapport au monde. Assumer cette invention c'est donc aussi assumer le renoncement à toute croyance au bénéfice de la pensée libre et créatrice. Ainsi la globalisation du monde humain, le "village global" de McLuhan, a engendré le mythe des droits de toute personne humaine qui est le premier mythe sinon partagé encore par tous, du moins en désir d'y parvenir. Mais il n'explique rien, ne prétend à aucune vérité et n'exige aucune soumission; il est, avant tout, projet humain. Il n'est pas éternel et est sujet à réévaluation et amélioration permanente. Le mythe aujourd'hui s'appelle valeur et non vérité.

L'HARMATTAN ITALIA
Via Degli Artisti 15; 10124 Torino

L'HARMATTAN HONGRIE
Könyvesbolt ; Kossuth L. u. 14-16
1053 Budapest

L'HARMATTAN KINSHASA
185, avenue Nyangwe
Commune de Lingwala
Kinshasa, R.D. Congo
(00243) 998697603 ou (00243) 999229662

L'HARMATTAN CONGO
67, av. E. P. Lumumba
Bât. – Congo Pharmacie (Bib. Nat.)
BP2874 Brazzaville
harmattan.congo@yahoo.fr

L'HARMATTAN GUINÉE
Almamya Rue KA 028, en face
du restaurant Le Cèdre
OKB agency BP 3470 Conakry
(00224) 657 20 85 08 / 664 28 91 96
harmattanguinee@yahoo.fr

L'HARMATTAN MALI
Rue 73, Porte 536, Niamakoro,
Cité Unicef, Bamako
Tél. 00 (223) 20205724 / +(223) 76378082
poudiougopaul@yahoo.fr
pp.harmattan@gmail.com

L'HARMATTAN CAMEROUN
BP 11486
Face à la SNI, immeuble Don Bosco
Yaoundé
(00237) 99 76 61 66
harmattancam@yahoo.fr

L'HARMATTAN CÔTE D'IVOIRE
Résidence Karl / cité des arts
Abidjan-Cocody 03 BP 1588 Abidjan 03
(00225) 05 77 87 31
etien_nda@yahoo.fr

L'HARMATTAN BURKINA
Penou Achille Some
Ouagadougou
(+226) 70 26 88 27

L'HARMATTAN SÉNÉGAL
10 VDN en face Mermoz, après le pont de Fann
BP 45034 Dakar Fann
33 825 98 58 / 33 860 9858
senharmattan@gmail.com / senlibraire@gmail.com
www.harmattansenegal.com

L'HARMATTAN BÉNIN
ISOR-BENIN
01 BP 359 COTONOU-RP
Quartier Gbèdjromèdé,
Rue Agbélenco, Lot 1247 I
Tél : 00 229 21 32 53 79
christian_dablaka123@yahoo.fr

Achevé d'imprimer par Corlet Numérique - 14110 Condé-sur-Noireau
N° d'Imprimeur : 120106 - Dépôt légal : septembre 2015 - *Imprimé en France*

www.ingramcontent.com/pod-product-compliance
Lightning Source LLC
LaVergne TN
LVHW011014061026
849535LV00006B/1870
* 9 7 8 2 3 4 3 0 6 6 8 2 0 *